让家越住越舒服

[日]由纪 著　张鑫 译

江苏凤凰科学技术出版社
·南京·

自序：你的家，是不是越住越舒服

小女儿出生后，我辞去了化妆品行业的工作。回归家庭的我突然失去了曾经在工作中获得的成就感和价值感，心中难免烦闷。不过转念一想，我应该让这难得的“悠闲时光”变得更快乐。于是，我开始尝试在家里做一些改变，例如改变室内装潢、研究料理摆盘等。

在我的努力下，平淡的生活渐渐充实了起来，我也有了更多时间陪伴孩子，生活也变得更幸福。

两年前，我和先生开始以“居家”为中心，在 Ins（即 Instagram 照片墙，一款运行在移动端上的社交应用）上记录我们生活中的点点滴滴。同时，我们也开始更新以“让居家时光更舒适”为主题的系列博客——《家与生活的食谱~HOME&LIFE》，得到了大家的热烈反响。

在与“粉丝”交流的过程中，我发现有些人和以前的我有着相同的烦恼——作为家庭主妇，整日忙碌，却没有丝毫的成就感。

这时，有人建议我出一本书。

于是，我把一些自己实践过的幸福秘诀一一整理并重新撰写出来，例如“让居家时光变幸福的房屋布局”“喜欢做家务的法宝”“实用且时尚的选材技巧”等。

衷心希望各位读者读过此书后，能够愉快而充实地度过每一天。

目录
CONTENTS

PART2 让居家时光变幸福的房屋建筑与室内装潢

PART3 爱上做家务，轻松做家务

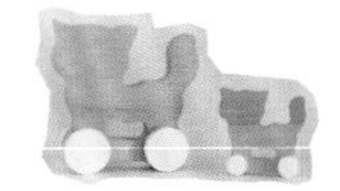

引子：一场突如其来的意外，我的人生改变了

曾经，我是一名百货商场化妆品专柜的柜员，每天的生活都被绚丽多彩的化妆品包围着。在为很多顾客带去快乐的同时，我也切身体会到十足的成就感。

不过，在怀小女儿的时候，我的身体出了问题，不得已，我辞职了。原本设想的是，应该可以趁此机会在家和孩子们度过一段非常悠闲的时光，可是当面对家里那做不完的家务时，我感到痛苦不堪。回归家庭的我变得情绪低落，原本多姿多彩的世界摇身一变，生活变得单调又枯燥。

但这种状况很快发生了变化——家里盖新房了！我决定要抓住这次机会，尝试改变现在的生活。我做的事情有：仔细研究装潢所用的建材、室内色彩搭配，努力把房间收拾得整整齐齐，在摆盘上下功夫，等等。突然之间，生活变了模样，我像是重新回到了被五光十色的化妆品包围着的时候。原来，即使环境发生了改变，只要我们能关注自己感兴趣的事物，哪怕宅居在家，日子也能变得十分快乐。再延伸一下，如果我们能在每一件小事上努力，单调的生活也可能会变得丰富多彩。

努力让家变得越来越幸福吧！

日子好不好，全看你怎么过！

“家庭主妇”为什么难当

家庭主妇为什么难当？因为“从未被认同”“毫无成就感”“家务永远做不完”。

收拾家也好，洗衣服也好，做家务都是“负数归零”，不断重复的过程。我的先生每天工作到很晚才回家，让他彻底理解我白天做家务有多辛苦，是很难的。站在我自己的角度，即使头天下定决心“明天一定要做××事”，可第二天早晨一睁眼看到孩子磨磨蹭蹭，又会在焦虑情绪的控制下把说过的话忘掉。更何况，家务意味着总也做不完的饭，总需要收拾的家……这样的生活日复一日，我不禁开始思考：如果做家务也能像做工作一样，能带来成就感，我是不是就不会焦虑了呢？

在家务中获得成就感的方法

/ 01 /

为每日家务制定标准

为了让自己在家过得幸福，应该确定一些“每日必做”的基本事项。比如，上厕所时顺便擦抹；为开启厨房好时光，清早起来就认真清理厨房等。快来制定一些属于你自己的规则吧！

/ 02 /

明确目标，从小事做起

如果什么都要做，想完成目标是非常困难的，所以我的建议是从小事做起。尽量制定明确的小目标，比如清理冰箱。完成任务后一定要表扬自己，哪怕没完成，也不要因此否定自己。

/ 03 /

将劳动成果可视化

如果你为自己定下了清扫任务，为了激励自己，可以制作一张“清扫目标达成表”。在已完成的部分打勾，这会令你收获意外的快乐。这种劳动成果可视化的效果是显而易见的——在效率提高的同时，也能防止漏扫现象的发生。

/ 04 /

善用你的独处时光

以我为例，属于我个人的时光只有孩子睡觉及她们上学的时间。好好利用这段时间，或是跟好闺蜜相约谈心，或是外出“放风”；即使留在家里，如果能集中精力做家务，也会收获满满的成就感。另外，提前做好饭，这样就能有更多的时间和孩子相处，这对消除焦虑也是大有裨益的。

居家时分，
让家变成幸福的港湾

我是在单亲家庭中长大的。父亲独自抚养我长大，所以家务基本都由我承担。小时候我住的地方非常拥挤，就连厨房也堆满了杂物。

因为房间的动线不太好，做家务也难以让人心情愉悦，精心布置房间就更是奢望了！那时，可以说我每一天都在竭尽全力为生活而奔忙。

我常常幻想，什么时候才能住上宽敞舒适的大房子呢？房间里有我喜欢的一切，因为房子宽敞明亮，我的生活也能因此变得更加从容。如果能和家人一起度过漫长的家庭时光该多好呀！这是我长久以来的梦想。

当家里决定装修的时候，我的梦想照进了现实。跟以前想的一样，不管是做家务，还是什么都不做的休闲时光，只要在家里我就是幸福的。但是，没有想到的是，尽管梦想实现了，新的“难题”也随之而来。

爱上家务，
轻松完成家务的诀窍

大家在博客、Ins上看到的或许是我勤快收拾房间的一面，事实上，我非常讨厌清扫房间。

但是，再怎么厌恶做家务，当家里变脏变乱的时候，如果佯装看不到，我就会一直处于焦虑中。与其这样，不如换种思考方式—— 我开始用心发掘家务的乐趣。

比如，可以把清扫房间当成每日活动中的一项小任务，勤快的时候就迅速完成，倦怠的时候就慢慢做；可以更换一些散发着清香味的清洁用品，等等。正是因为家务事烦琐又不得不做，我们才更要苦中作乐。只要肯花工夫，总能找到跟它“和谐相处”的办法。我也想在这本书中与大家分享我的经验。

由纪的 / 家庭成员

我的家人——居家时光的幸福源泉

我最重要的亲人们，是他们让我感受到了家庭的幸福。下面让我为大家介绍一下我的家庭——一对来自日本关西的夫妻，两个年龄悬殊的女儿，以及一位助人为乐的爷爷。

先生

同学，一个“进化不完全”的大男子主义者。啊，不过他工作的样子还是值得尊敬的。对我的任何选择都说好，是这世上“无与伦比”的存在。

由纪

日本大阪出生，大阪长大，土生土长的关西人。兴趣爱好广泛，比如，幻想做室内装潢或进行房间配置，收纳小物件，练习化妆等。虽然她在家经常做蔬菜料理，但其实她更喜欢肉和拉面。

爷爷

住在我们家附近。女儿们超级喜欢和他一起玩。一个电话，他能立马到位，是我们家的超级英雄。

小女儿

刚上幼儿园，是个自由奔放的“小傲娇”。虽然把大家累得团团转，可她还是我家的小宝贝。爱收拾这一点或许是随了我。

大女儿

大家一致的评价是“成熟稳重，和她妈妈相反”（哎，好像哪里不对）。小大人似的，很有主见。她也会经常照顾小她9岁的妹妹，是看起来非常可靠的初一学生。

PART 1

我的“24小时居家时光”——开心度过每一天

这是我极为普通的一天。即便是没有干劲的日子，即便心烦意乱，仍然要努力让自己开心！接下来，我将向大家介绍我的做法——如何让全家都开心度过每一天。

我的一天居家时间表

这是属于我的普通的一日居家时光。
下面向大家介绍愉快度过每一天的小贴士。

时间	行程
6:00	起床、刷牙
6:10	启动洗衣机
	喝咖啡，定日程 → POINT 1
6:15	梳妆打扮 → POINT 1
	叫大女儿起床
6:30	准备早餐 → POINT 2
	大女儿早餐
7:00	先生和小女儿起床，早餐
	目送大女儿上学
7:30	晾衣服
8:00	目送先生上班
	给小女儿梳洗
8:30	吸尘器清扫（每天）→ POINT 3
8:40	卫生间清扫（每天）→ POINT 3
9:00	送小女儿上幼儿园校车 → POINT 4
9:30	给院中的花草浇水（每天）→ POINT 3
10:00	其他家务（一周一次）
11:00	处理工作、博客、邮件 → POINT 6
12:00	“一人食”午餐 → POINT 7

（9:00—12:00：独处时光）

POINT 1
养成让自己慢慢清醒的好习惯 ▶ P22

POINT 2
以汤为主的简约营养早餐 ▶ P23

POINT 3
将每日清扫变成一种习惯 ▶ P24

POINT 4
去幼儿园时提早出门，路上顺便去公园玩耍 ▶ P25

POINT 6
一台电脑＋一个架子——工作区准备就绪 ▶ P27

POINT 7
简单健康的“一人食”午餐 ▶ P29

时间	行程
13:00	采购（一周一次）（独处时光）
14:00	备餐（一周一次）→ POINT 5
	见朋友
16:00	迎接小女儿回家
	陪小女儿玩 → POINT 8
16:30	和小女儿一起叠衣 → POINT 8
	大女儿回家
	下午茶时间 → POINT 9
17:30	清理浴室
18:00	准备晚餐 → POINT 11
18:30	运动 → POINT 10
19:00	晚餐
20:00	餐后收拾
	洗澡
	用吸尘器打扫卫生（每天）
21:00	哄小女儿睡觉（故事时间）→ POINT 13
22:00	先生回家
22:30	和先生看电视 → POINT 14
23:30	清理厨房和洗脸池（每天）→ POINT 12
24:00	睡觉

POINT 5

利用“独处时间”，一次性备餐

▶ P26

POINT 8

在玩耍中，享受学习和助人的乐趣

▶ P30

POINT 9

每天一次，与孩子们的谈心时间

▶ P34

POINT 11

提前备餐，让晚餐有条不紊

▶ P36

POINT 10

在家也能做的简单体能训练

▶ P35

POINT 13

陪伴孩子们的时光——晚间图书阅读

▶ P39

POINT 14

二人时光——一起看搞笑综艺

▶ P40

POINT 12

一天的最后，让水池焕然一新

▶ P38

如何度过个人时间

9：00～16：00是我的个人时间，我有时会因工作外出（最近我开始工作了），有时会和朋友们一起出去放松，或集中完成所有的“每周一次清扫”。

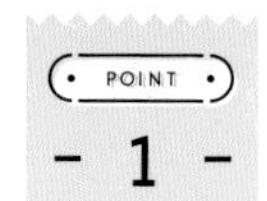

养成让自己慢慢清醒的好习惯

在钟爱的厨房喝咖啡的幸福一刻。

活力开启！

用喜欢的马克杯盛一杯浮着绵密泡沫的拿铁。

比起不化妆，化妆更能让我元气满满。

独处时光——清晨的“厨房拿铁”

家人起床前的一小时是属于我个人的宝贵时光。为了凸显这段时间的特别，我喜欢边喝拿铁边确认当天的日程。这样才能保证一整天的良好状态。

我也会一早起就化妆。每次化上自己喜欢的妆容后，心情都会变得特别舒畅，元气满满。清早的这段时光让我活力无限。

POINT
- 2 -

以汤为主的简约营养早餐

开动吧！

困倦的清晨，选择一些汤汁类的食物对身体更加友好吧！
味噌汤就是个不错的选择！

熬煮满满一锅美食，留一部分作为我的午饭。

用食材满满的汤下饭，简单但营养丰富

即使在忙碌的早晨，我也想要为家人做一顿营养丰富的早餐。想必这是所有母亲的共同心愿吧！但是一早就做三菜一汤还真是有点困难呢，因此，我会选择一些蔬菜汤。如果往蔬菜汤里加入五花肉或鸡肉，便是一顿佳肴啦！当主食是面包的时候，我会配上蔬菜汤和富含蛋白质的食物。把它们装在盘子里，就可以尽情享用啦！

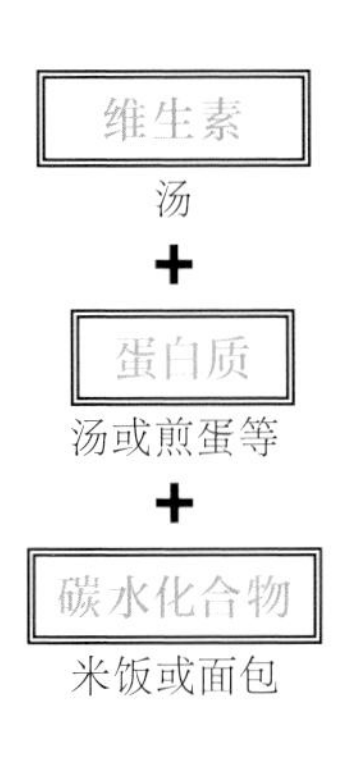

和食版

西餐版

左 / 食材满满的味噌汤。
右 / 喝蔬菜汤的时候搭配蛋白质丰富的煎蛋。

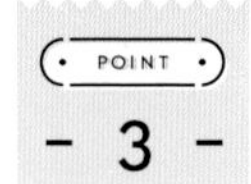

将每日清扫变成一种习惯

在小女儿不哭闹的时候选择清扫最容易被弄脏的餐厅。

去洗手间的时候顺便把马桶盖和坐便圈擦干净。

把小女儿送走后给玄关前的盆栽浇水。

规划基本的清洁工作

因为有孩子，家里被弄脏是在所难免的。但是，我真的超级讨厌打扫卫生，更讨厌大扫除！所以我干脆节省力气，给自己规定了一些每日必做的基本清洁工作，这样化整为零，打扫卫生也没那么困难了。例如，我会在小女儿看电视的时候打开吸尘器。或是去洗手间的时候，快速地清扫卫生间。虽然每次清扫都显得马马虎虎，但一整天下来，家里的卫生状况真的会有所改善哦！

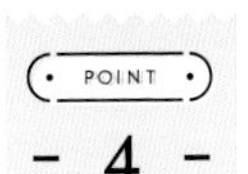

去幼儿园时提早出门，路上顺便去公园玩耍

小女儿刚刚上幼儿园，每天坐校车往返。陪小女儿的时候，我会抓住当下的机会，尽量带她做一些有趣的事情。天气好的时候，我们会早点出门，路上去公园赏赏花、散散步，美好的一天就这样开启了。

非常喜欢上幼儿园的小女儿，
今天也要元气满满地出发哦！

看到虫子就好奇，
这一点还真的不像我……（笑）

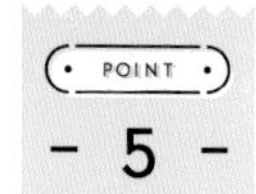

利用“独处时间”，一次性备餐

每周利用约 2 个小时的时间，做 11~13 道小菜。

晚饭时间我常常忙得不可开交，有时候小女儿还吵吵闹闹的，很妨碍我做饭。为了避免这些烦恼，我会选择独自在家的时候提前把菜准备好。通常，我会关掉电视，打开自己喜欢的音乐，集中精力备餐。每当绚丽多彩的菜肴出炉时，我心中都会涌出一种成就感。

五颜六色的蔬菜非常有治愈力。

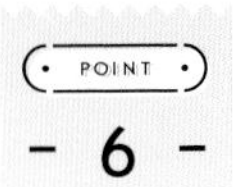

一台电脑 + 一个架子——工作区准备就绪

我不太擅长用电脑，目前还在慢慢学习中。

心爱的餐桌变成工作区

我常常想，如果家里有一个专门的工作区，那该多好啊！但是，为了保证客厅、厨房的足够宽敞，我只好利用家里的餐桌办公。

将家庭收支簿、工作文件、家校联系单和文具等统统放到文件盒里，这样也便于搬运；然后把文件盒和电脑都摆到桌子上就OK啦！这个工作区虽然简陋，但有了它，我也能迅速切换到工作状态，专心工作。

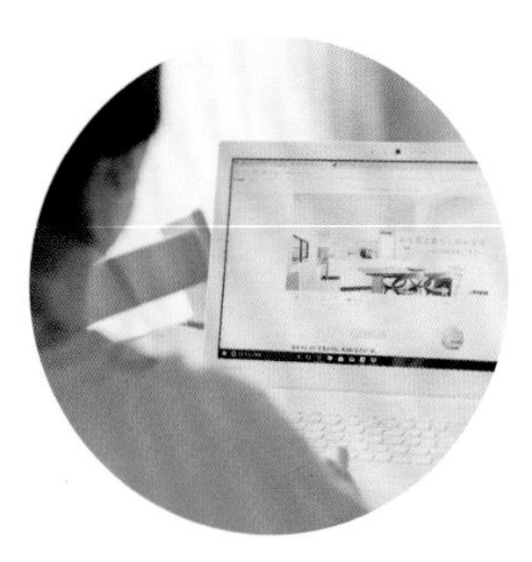

喝着最喜欢的拿铁。

努力更新博客。

日程表、扫除清单等文件也放在这里。

POINT

- 7 -

简单健康的“一人食”午餐

午餐有时还包括早餐的剩汤。

选择蔬菜、发酵食品或加了醋的料理

一个人的话，可能会简单吃点儿就算了，但我还是想尽量吃得健康一些。我午饭会尽可能地吃一些蔬菜或加了醋的食物，以弥补早餐中缺失的营养。

我喜欢吃一些发酵食品，例如纳豆和腌菜。

通常会就着早上剩下的汤和袋装速食一起食用。

这样的食谱有助于改善便秘、皮肤粗糙等问题，这也是我将坚持下去的习惯之一。

为了猎奇，我会在纳豆里加佐料或在汤里加辣油。

Lunch

今天吃的是袋装咖喱。

有时候我会去外面吃，有时候则选择袋装速食。今日午餐是咖喱饭配胡萝卜丝。

在玩耍中，享受学习和助人的乐趣

尽情享受“宝贵的现在”

小女儿正处在一个什么都想知道，什么都想尝试的阶段。所以她从幼儿园放学回来后，我会努力挤出时间陪她。

她很认真，我也必须认真！

最近，KUMON[①]的“日本地图拼图游戏”是小女儿的最爱。

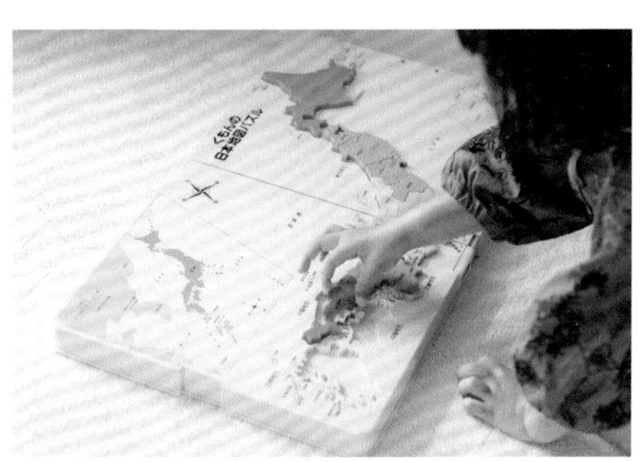

我最喜欢的米菲兔积木，可以用来学习平假名[②]。

她现在喜欢玩地图拼图和平假名积木。每当我问她一些问题，例如“××县在哪里啊”“把平假名‘か’找出来”等，她总会非常高兴地告诉我答案。这时候的她简直可爱到了极致。而当我问她要不要一起玩的时候，她也总是干劲十足。

①日本知名玩具生产商，日语为くもん。

②日语使用的一种表音文字。

真“粗暴”（笑）。
不过看样子她很开心，这就够了。

---

①小女儿名字，日语为あーちゃん。

虽然会花费更多时间，但是非常开心！

大女儿回来前，我会和小女儿边玩边叠衣服。当然，我一个人叠起来肯定更快。但是我觉得要让小女儿参与家务，并乐在其中。我希望她能通过做家务变得独立起来，所以每天都会和她比赛做家务。

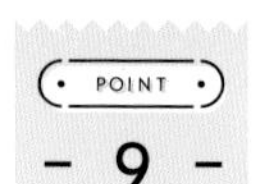

每天一次，与孩子们的谈心时间

如果有空，我会尽可能地找两个孩子聊聊在学校发生的事情。以前没空做的事情，都在目前的居家生活中得以实现。令人意外的是，有时候她们的一些想法比我的还要成熟（笑）。虽然姐妹俩的性格大相径庭，但都是我的宝贝，我想看着她们一天天长大。

主持人是谁?
几乎都是小女儿在说话。

POINT

- 10 -

在家也能做的简单体能训练

朋友教我的平板支撑，好累！

※ 四肢、腹肌训练

最近，我觉得自己的肌肉力量下降了。我有一个朋友，因为太忙没时间去健身房，于是就在家里锻炼，最后居然瘦了下来。受其影响，我也下决心开始进行简单的体能训练。虽然每次只做五分钟、十分钟，但我感受到自己的体能在慢慢变好。

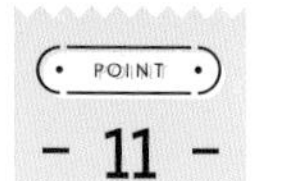

提前备餐，让晚餐有条不紊

为家人准备营养丰富的早晚餐

以前我不会提前准备餐食，如果冰箱里没有蔬菜，有时会做一些盖饭或面食。另外，大部分家庭主妇都喜欢在傍晚做家务吧！但我不想傍晚太忙，所以最终选择提前备餐。

通过这种方式，我不但把自己从忙碌中解放出来，而且，晚餐的蔬菜分量也更加合理了。此外，通过提前准备，我还制作出一份膳食平衡的一周食谱。这也是备餐的优点之一。

孩子们很少挑食，不管我做什么都很捧场。

事先调味，油炸食品就能很快出锅。有了防溅网，家务轻松百倍。

我喜爱的 La base[①] 铸铁煎锅套装。

今天有空，还多做了焖饭。

提前备餐，等到晚饭时间只做主菜就搞定了。

主菜	+	素配菜	+	米饭	+	泡菜或咸菜
现做		提前备		现煮		提前做

①一家日本生活用品专营店，日语为ラバーゼ。

POINT - 12 -

一天的最后，让水池焕然一新

把洗漱台擦干净，第二天早上自然有好心情

我最喜欢的两个地方就是厨房和卫生间。与一早起床就要对付污渍相比，我更喜欢从一尘不染的地方开启主妇的居家生活。所以，这个地方是我睡前必定要收拾的。

将放在洗漱台上的东西收好后，用超纤维毛巾将水渍轻轻拂去。这是我每天都会重复的简单过程。通过这点小小的努力，家里的卫生状况得以大大改善。

睡前将二楼的卫生间擦抹干净，防止水垢滋生。

Reset

用蘸有中性洗涤剂的毛巾擦拭，这里立马就干净了。

POINT
- 13 -

陪伴孩子们的时光——晚间图书阅读

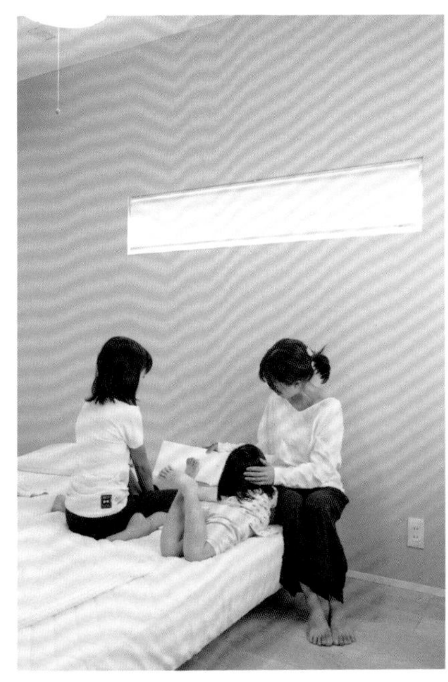

认真听我讲故事的小女儿。

最喜欢的“小熊系列”绘本和布娃娃。

小熊系列绘本

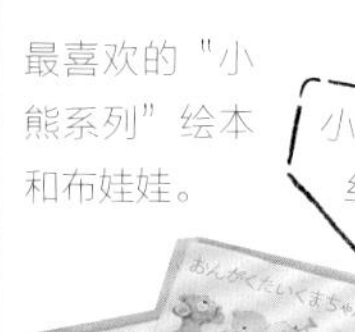

睡前是小女儿的故事时间。这也是我和她相处的一段宝贵时光。每当我告诉她“妈妈要开始读了”的时候，她就会兴致勃勃地爬上床，然后自己选择想看的连环画。

在我已经读累了但小女儿还没有尽兴的时候，大女儿会帮着读。有时候，她读得比我还好呢！

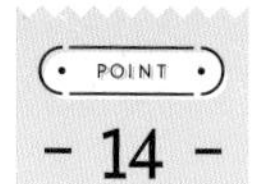

二人时光——一起看搞笑综艺

先生工作忙，经常很晚回来。虽然我们不是每天都有一起放松的时间，但偶尔我们也会一起观看电视节目，如《雨后脱口秀①》《今酱的"真相"②》等。每次我们都看得捧腹大笑。在这段轻松的时光里，我们也会聊起孩子。当然，我们也有一起打游戏的时候（笑）。

我最喜欢的薯片。偶尔会忍不住吃两口！

---

①日本搞笑综艺节目，日语为アメトーーク。

②日本搞笑综艺节目，日语为今ちゃんの「実は…」。

我家的格局——优先考虑1楼的房间

盖新房子的时候，我也曾迷茫过要采用什么样的格局。最后终于决定按照使用的频率来定方案。因此，我们最优先考虑的是房间的面积。详细格局和建造过程请大家参见第二章。

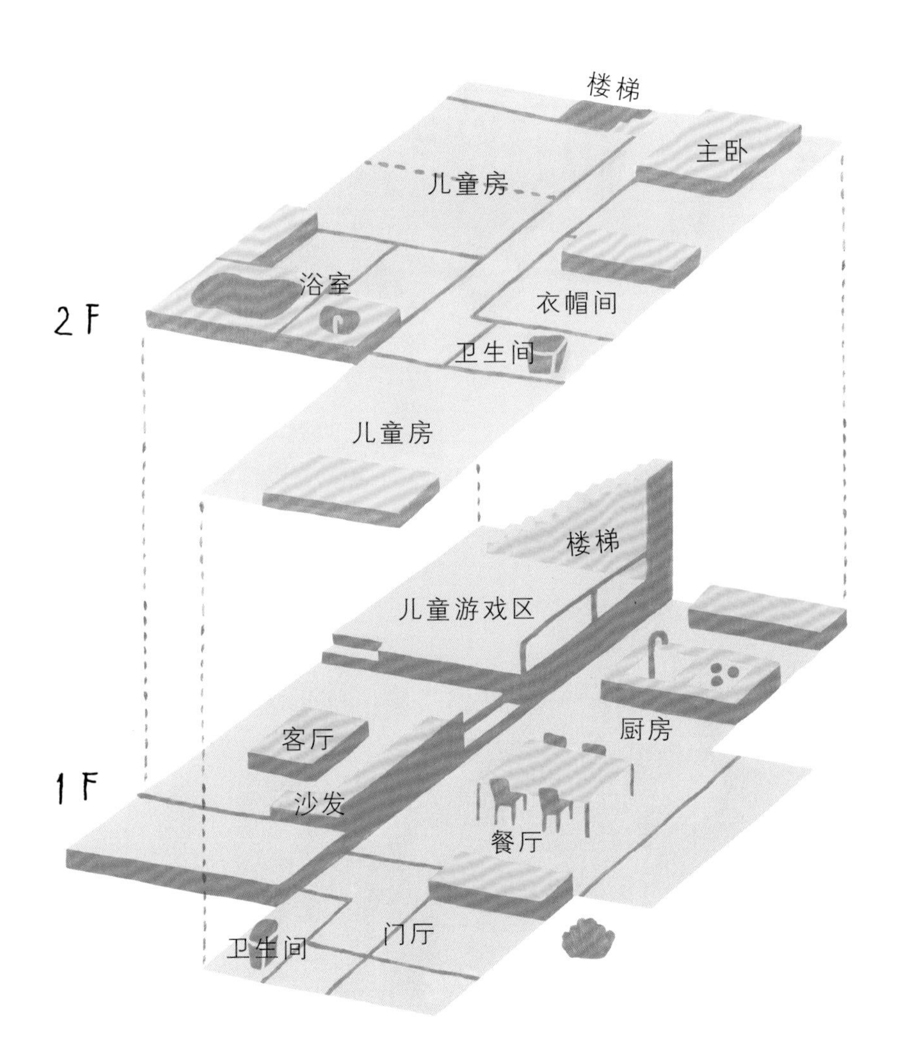

PART

2

让居家时光变幸福的房屋建筑与室内装潢

—

我想要把“居家时间”变成全家人能一起享受的幸福时光！按照这样的设想，我开始构思新家的设计方案与室内装潢。新家中随处可见我们的喜好，以及我们追求到极致的舒适感。

POINT

拒绝墙壁隔断，收获敞亮空间

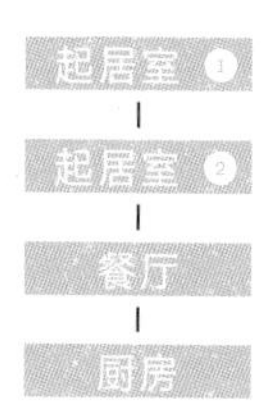

优先考虑空间而不是户型动线

这是我家的1楼。从窗户位置可以看到右侧是厨房，左侧是餐厅。沿着楼梯上楼，右侧是儿童房，左侧是主卧。

我优先考虑的是房间的宽敞度。虽然浴室、卫生间等设计在1楼会更方便，但我们还是把它们全部放在了2楼。而且，我们选择在厨房与餐厅中间不做隔断，餐厅和客厅衔接处设计成阶梯而不是完全隔开，这样就让整个房间看起来更大了。另外，通过将墙壁和厨房大面积粉刷成白色，也起到在视觉上扩大空间的作用。

全部面积合计 31 张榻榻米大小[①]的房间。窗户设计得很大，阳光充足。

①约 50.22 平方米。

优先考虑的是现在的居住舒适度，而不是将来的需求

隔断餐厅和客厅之间的楼梯，可能会让将来年纪大了的我们行动不方便。虽然我也考虑到了这一点，不过我坚持认为理想中的家是一个“大人孩子都感到幸福的地方”。所以，我优先考虑现在的生活，毕竟将来发生什么谁又能知道呢？而这样做的结果就是，1楼的布局显得处处合理，这里也成了全家人都很喜欢的地方。

从厨房可以
看到休闲区。

即使我在厨房，先生在客厅，孩子们在儿童游戏区，大家都在不同的区域，我们仍然能清晰地看到彼此。

楼梯做隔断！
营造出层次变化
与进深感。

如图所示，分割餐厅和客厅的是一个 3 层阶梯。利用楼梯的交错感，让整个房间看起来更宽敞。

一上楼梯是客厅，胡桃木材质的地板是先生选的，桌子和沙发是在"O-kita家具①"选购的。

巧用灯带，
创造极具安心感的房间。

灯具是全权交给施工方处理的。为了孩子们可以休息好，我们决定改变照明方式。最终，房间里的灯光随楼梯高度的变化而变化，身处其间时身心都能得到放松。

POINT

客厅 分开设置，大人孩子都倍感舒适

先生说，在客厅进行分区吧

“沙发上散落的玩具会让房间显得凌乱……”先生的这句话让我决定将客厅和儿童游戏区进行分区设计。这样一来，不仅沙发周围散落玩具的烦恼消失不见，孩子们也可以在属于她们的游戏区尽情玩耍。这简直是我做过的最正确的决定。

颜色上我选的是冷色调，是能让人感觉宁静的颜色。

---

①日本家具厂商，日语为オーキタ家具。

儿童游戏区选用的是和客厅相同的胡桃木地板，铺的是六边形的方块地毯。风格简约，适合孩子玩耍，自带隔音效果，我还在这里设置了洗手区。

标志性设计
——精致小物装饰的壁龛

儿童游戏区的标志就是这个壁龛。上层展示的是当季风物，下层摆放的是绘本和玩具。

利用楼层，划分属于孩子的游戏区

利用客厅和楼梯的高度差设计一间儿童游戏区。在厨房的我可以一边做饭，一边和孩子们说话；在客厅的先生也可以一边休闲放松，一边关注孩子们的动静。这样的时刻无疑是幸福的。

这个区域由于玩具的存在而显得色彩丰富，因此在设计时选择白色和咖啡色的配色比较好。家具也尽量选择素色，这样可以营造一种柔和的空间感。

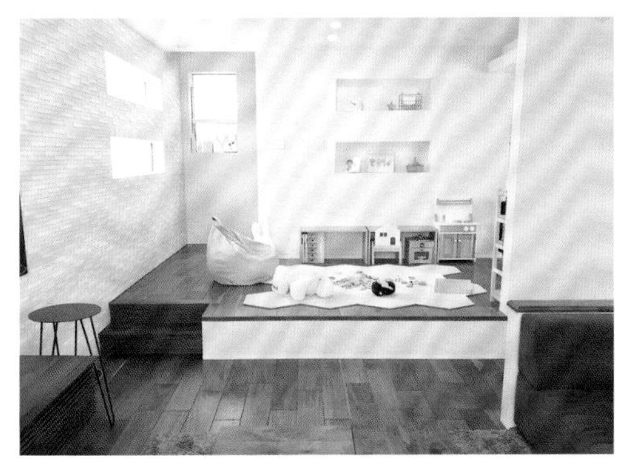

孩子玩得尽兴，
我则再也不怕房间
被弄乱了

有孩子的房间难免会显得很乱。如果把孩子的游戏区跟客厅分隔开，即使孩子和其他小朋友将玩具玩得满地都是，我也能在客厅招待客人。

POINT

给房间留白，令心情更舒畅

凸显个人喜好，装饰品越少越好

厨房旁的墙壁，我刻意做了留白。此外，钢琴上还做了隔断的柱子。

因为想要突出喜欢的家具、灯具，所以每当我想要挂些画在墙壁上时，就劝自己“忍住、忍住”（笑）。如果很想在墙上装饰什么的话，就在这个地方留白，这也是保持心情舒畅的诀窍。

台阶旁的墙壁
也是刻意做了留白

这是支撑儿童游戏区的柱子。原本可以在这里挂些画做装饰的，但为了凸显游戏区的陈设，这里什么都没挂。

餐厅

银色的置物架是从无印良品购入的。置物架的颜色和墙壁的硅藻泥质地搭配在一起，看上去棒极了。上方的白色墙壁，我还是没挂任何东西。

吊灯照明，
营造穿透感

"Panasonic MiLook[①]" 的简约吊灯和餐桌遥相呼应。因为想要突出这种和谐的感觉，所以我继续在钢琴上方的墙壁上做了留白。

挂钟的摆放是光与影的完美结合。

胡桃木餐桌与
360° 的圈椅

椅子来自"起立木工 Anello[②]"。因为我一会儿站，一会儿坐的，所以360° 圈椅对我来说非常方便。餐桌则来自于 "大塚家具[③]" 。

POINT

家的温馨，通过木质装潢体现

与客厅家具相同的胡桃木家具

盖房子的同时，我们选购了屋内所需的餐桌和椅子。因为餐厅是家人团聚的地方，所以在餐桌椅的选择上我花了很多心思。为了统一装修风格，同时发挥木料材质带来的温馨感，我们选用了和客厅家具一样的胡桃木材质。厨房和餐厅整体的灰白色调，再加上木料的温润感，家具的设计感与线条感得到了很好的展现，同时也保持了房屋在整体上的平衡感。

---

① MiLook 是 "松下" 照明灯具中的一种，日语为美ルック。

②日本家具厂商，Anello 系列以其优良的设计性和舒适的使用性而备受欢迎。

③日本家具厂商。

由纪的 1 居家妙招

选择能放大空间的家具建材，尽情享受居家时光

选择床等家具时，尽量选择能在视野上让空间变大的材料

装修房屋的时候，我最在意的一点就是“如何让家里空间看起来最大”。

其实这个问题的关键在于墙壁、家具材料的使用，以及窗户的朝向。如果对上述几点都能做到心中有数，在选择时就不会犹豫不决。

另外，多年的好友还告诉我，“房屋是由家具决定的”。于是，我们在建房的最初就开始挑选家具了，最后选择在“O-kita家具”购买。我的建议是，尽量选择低矮一些的家具，这样不仅会令房间的视野变宽，整个房屋的空间也会因此变大，同时还能更好地构建房间的整体布局。

浴室窗户设计成向外凸出的飘窗

将浴室窗户设计成 40cm 宽的外凸型，这样一来，视野变得更好了，洗干净的玩具也更容易晾干。

窗帘选用垂直百叶窗

为了让房间里的视野更好，我选择了白色竖直条的百叶窗。从天花板上直直垂下来，所以看不到滑轨，天花板也因此显得更高。

墙砖选择长条形

客厅墙面用长条形瓷砖做装饰。瓷砖是"LIXIL[①]"的"ECOCARAT[②]"多孔瓷砖。这种瓷砖也有正方形的，不过我选的是长条形的。

餐厅与阳台瓷砖选用的是相同的材质

瓷砖选的是我喜欢的品牌——"NOGOYA Mosaic-Tile[③]"。餐厅和阳台均选用的是 60cm 的"都市自然风"方形瓷砖，营造出全屋的整体感。

①日本建材商，日语为リクシル。

②多孔瓷砖名，日语为エコカラット。

③日本建材商，主要售卖瓷砖，日语为名古屋モザイク工业。

RULE
家具

选择低矮的沙发，拓宽视野

我在"O-kita 家具"遇到了一款非常中意的沙发。舒适感与匹配度都是满分！当然，为了配合沙发高度，客厅与餐厅的隔断墙也要进行相应的高度调整。

餐边柜也选择低矮类型的

选择相对矮一些的柜子收纳书本杂志。因为脚边也想保留一些视线上的穿透感，于是我费尽心思地找到了钢材质的底架来支撑柜子。

目之所及都是花，心情也会变得很好。从厨房可以一下子看到餐厅尽头，这也让人心情愉悦呢！

POINT

让厨房变成幸福的“洗刷刷空间”吧

白色厨房——我的治愈系厨房

家庭主妇会在厨房里花费大量时间。从早晨开始做早饭、便当，到了晚上，下班的先生回家吃饭……家庭主妇总在厨房忙碌。如此长时间地待在厨房，而又想保持好心情的秘诀就是，将厨房的颜色设置成浅色，比如纯洁的白色。

这样一来，不管是晴天还是阴天，厨房始终给人一种明亮的感觉，非常舒服。

精选出来的、常年摆放的装饰品

为了让房间看起来更大一些，厨房设计成了开放式。不管从哪个方向看，都一览无遗。所以，厨房里的装饰物数量要尽量减少。

另外，我还放置了一些与白色非常搭的厨房用品。比如经常用的洗洁精瓶子是白色的，多士炉也是白色的（虽然微波炉是黑色的），配色原则就是尽量选择与厨房整体色系相配的物品，这样看起来就会非常和谐。

我还喜欢将各种各样的建材混搭在一起，追求极简的美感。比如即使同样是白色，灶台的人工大理石、灶台上方的墙壁瓷砖与其他墙壁上的硅藻泥，选用的都是完全不同的材质。

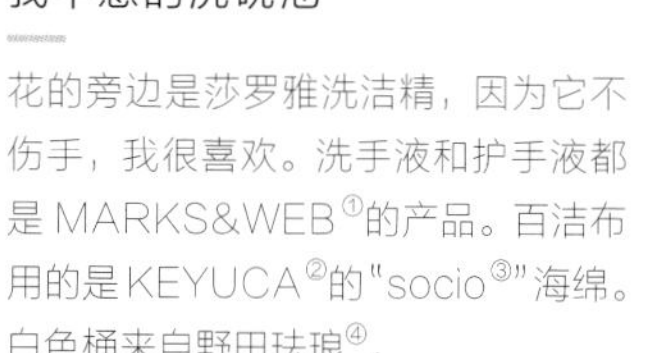

我中意的洗碗池

花的旁边是莎罗雅洗洁精，因为它不伤手，我很喜欢。洗手液和护手液都是 MARKS&WEB[①]的产品。百洁布用的是 KEYUCA[②]的"socio[③]"海绵。白色桶来自野田珐琅[④]。

①日本个护产品品牌名。

②日本家居用品店名。

③百洁布名。

④日本厨具厂商，日语为野田琺瑯。

空空如也的灶台

一体式厨房内要尽量减少外露的物品。我的厨房选用的是"Takara-standard①"的定制橱柜，换气扇选了"KYORITSU AIR TECH②"的墙壁嵌入式产品。

①日本房屋综合设施制造商，日语为タカラスタンダード。

②日本空调风扇制品厂商，日语为協立エアテック。

POINT

整洁收纳，开启快乐轻松的料理时光

收纳大法——灶台上绝不放多余物品

为了使用方便，要一一确定好每样用品的位置。

灶台的一边放置料理必需的厨具，做饭时顺手能够到的地方则放调料；另一边主要放盘子和餐具。抽屉的收纳清晰明了，调料罐上都贴有标签。

锅具我选用的是"staub珐琅铸铁锅"，属于日式铸铁锅。iwaki[①]的微波炉专用玻璃蒸锅则放在炉子下面的抽屉里，打开抽屉就能取用，十分方便。

炉子下面有我心爱的"法国特福平底锅"，锅的右边放有调料。因为调料也放在了盒子里，所以在取用上很方便。粉类的收纳用的是"TaKeYa[②]"的保鲜盒，液体因为原装瓶的高度太高，于是我把它装在了"iwaki"的密封罐内。

①日本玻璃器具生产商，日语为イワキ。

②日本保鲜容器厂商。

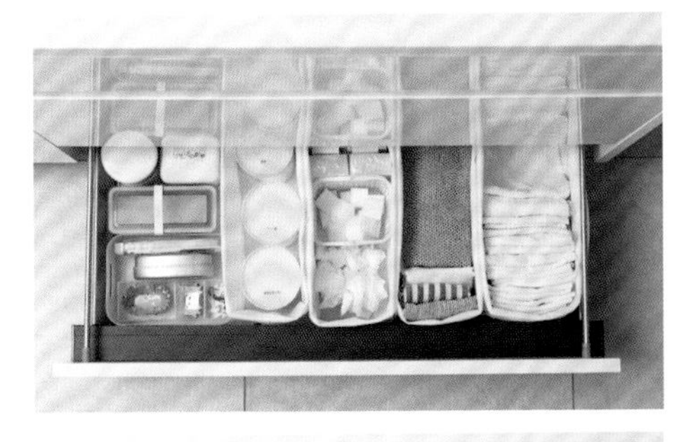

洗菜盆、百洁布等放在洗碗池下的抽屉里

洗碗池下方的抽屉里放的是每天都会用到的百洁布、洗菜盆、女儿的便当盒等物品。我购买的百洁布好用且不变形，来自无印良品。

智慧收纳

碗柜里收纳盘子

碗柜和厨房一样选择了“Takara-standard”。抽屉里是铸铁锅，干净，易清理。

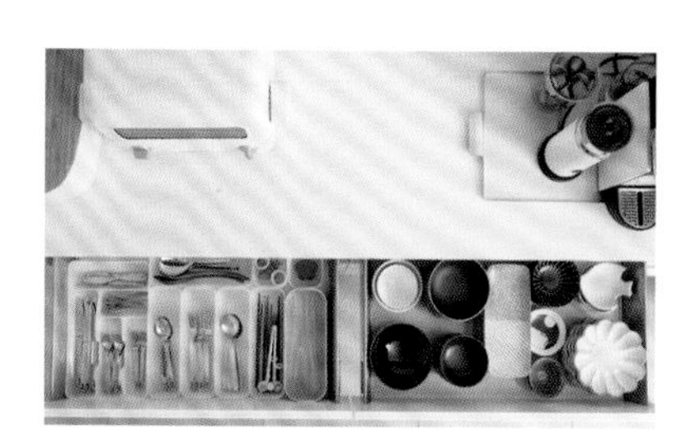

常用物品放最上面

最上面的抽屉放的是每天都会用到的餐具和碗。餐具收纳用的是无印良品的塑料整理箱，非常方便。

杯盘类放第二层

第二层放的是常用的杯子和大小盘子。大盘子用来盛意面，小盘子用来盛小菜。器具颜色都是百搭的冷色系，大都是玻璃器皿。

客用餐具放最下层

来我家做客的人很多，所以我准备了各种盘子，日式的、欧式的都有。因为需要蹲下来取用，所以这个位置放的是不常用的餐具。

智慧收纳

POINT

调整户型动线，秒变宽敞厨房

厨具放在最顺手的地方

厨房收纳的基本原则是“厨具放在灶台附近”，并且放置的是精心挑选出来的厨具。

厨具放在灶台旁边比较方便，但这并不意味着所有的厨具都得摆在灶台上，只选择那些做饭会用到的东西即可。使用频率低的则另选地方安置它们。

这些虽然都是小细节，但是从小处着手，既能缩短劳动时间，又能更好地享受厨房生活。何乐而不为呢？

零压力厨房

炉子侧面的窗台上放的是我精心挑选出的7种厨具（参考本书63页）。这里也是一个一眼就能看到头的收纳场所，所以在颜色的选择上也考虑到了和厨房的整体性搭配。

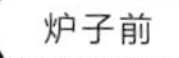

炉子前

锅把取用要很方便

锅具的品牌是特福，所有锅的把手都是可以取下来的。锅把手都放在炉子旁边的抽屉里，取用的时候非常方便。

炉子旁

调料盒放在灶台附近

因为原装瓶大小不一，形状各异，所以这些调味料我都统一储存在了"sarasa design①"的调料罐（盒）里。我还在盒盖上方贴了标签，这样从上面一看就能知道是什么调料。

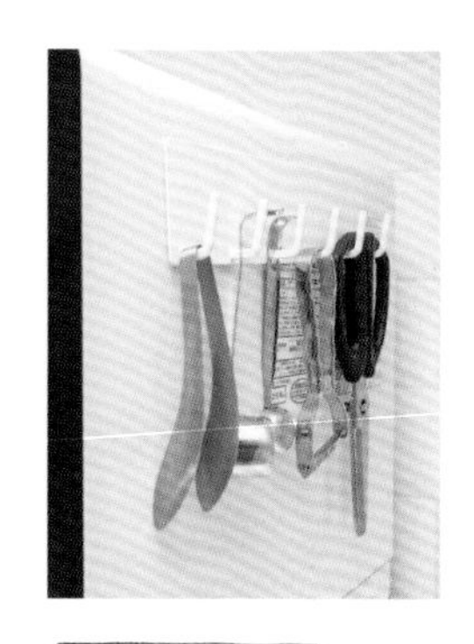

烤箱、微波炉

小尺寸刀具挂在烤箱旁

烤箱、微波炉的侧面可以挂一些使用频率较高的刀具。以前因为着急拿刀而割伤过自己，后来发现挂在这里方便又安全。挂钩是"山崎产业②"的"磁铁吸附式挂钩"。

打开

吊柜

不常用的工具和便当盒放入吊柜

吊柜放平时几乎用不到的东西。因为上面有把手，所以使用专门的吊柜收纳箱，这样取用物品非常方便。危险品用无印良品的"无纺布隔断箱"收纳。

炉子侧

做饭常用的厨具摆在炉子一侧

窗框上放的是购自宜家的花盆，此处还放了汤勺、锅盖置物架等物品。

①日本杂货店名。

②日本家居用品生产商，日语为山崎産業。

POINT

拥有“神 7[①]”，快速料理不是梦

Ⓐ柳宗理的勺子（购入 3 个一组的套装）。Ⓑ翻炒、煮捞，一个勺子全搞定。Ⓒ栗园晴美的"锅用汤勺（有孔版）"，是用来搅拌的。Ⓓ贝印的"不锈钢夹菜筷"，炸东西的时候用。Ⓔ贝印尼龙塑料"菜夹"。Ⓕ"Suncraft kitchen[②]"的尼龙塑料"锅铲"，硅胶不伤锅。Ⓖ最右边也是贝印的勺。不锈钢材料，结实耐用。

①指作者的 7 件心爱厨具，简称"神 7"。
②日本厨具厂商，日语为サンクラフトキッチン。

精选出的常用物放在炉子一侧

我要隆重向大家介绍我心爱的“神7”厨具。

以前，即使每个月只会用一次的东西我也会和其他常用厨具放在一起。这样一来，收纳筒总是被塞得满满的，找东西则全靠翻。就算灶台离得再近，也没法快速取用！后来，我精选了每日必用的7件厨具，用无印良品的“米瓷立式厨具收纳筒”收纳好，这样就方便多了，使用起来变得快速顺畅。那些不常用的备用厨具则被我放在了后侧的吊柜里。

（其他爱用的厨具）

造型可爱的锅盖防烫夹

漂亮的防烫夹是朋友亲手制作的，材料用的是可回收布料。

爱用的柳宗理汤勺

柳宗理的汤勺虽然很多人觉得小，但对我来说大小刚合适。我一般用它做味噌汤或家常煲汤。

爱物如我，
亦能物尽其用的便利厨具

推荐给大家几款极好用的厨具：Ⓗ弥生陶园的陶瓷锅。Ⓘ知名品牌 WECK 的保鲜盒和硅胶盖。Ⓙ "leye①" 的 "'米饭好帮手'食品夹"。Ⓚ贝印量勺，使用很方便。Ⓛ "LiberaLista②" 的砧板 3 块，用途各不相同，店里分开出售；肉、鱼等可以因此分开处理。Ⓜ纯铜礤菜板。

食品夹在夹小菜或填塞便当盒的时候异常方便。

①日本家居用品店名。

②砧板品牌，来自日本 RISU 股份有限公司（リス株式会社），家具日用品公司。

POINT

家人也能一起帮忙，轻松易上手的收纳法

餐桌装饰品、食品等要收在柜子里

宽1.5米的灶台的另外一侧是餐桌。餐桌一侧的架子里放了食品、药、清洁工具和餐桌摆件等。

图中左侧的架子对我来说意义重大。因为想让孩子们主动帮忙做家务，所以我把餐垫和调料都放在了这里。取用方便，孩子们自然更乐意帮忙。

右侧和中间的收纳箱是宜得利的，左侧的是无印良品的。

食品储存箱

收纳箱内部的细节很重要

无印良品“藤条收纳筐”里放着毛巾、客用筷子和吸管等。

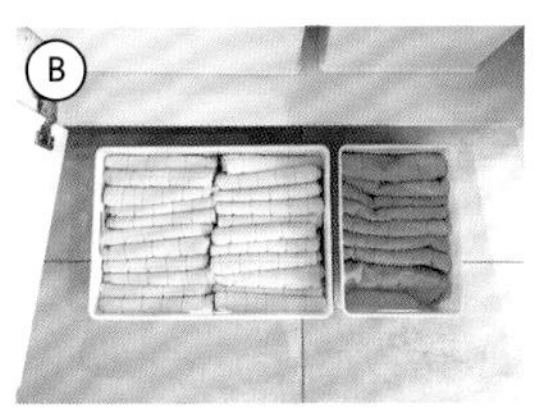

宜得利“收纳盒”里放的是清扫用的微纤维毛巾，颜色各异。

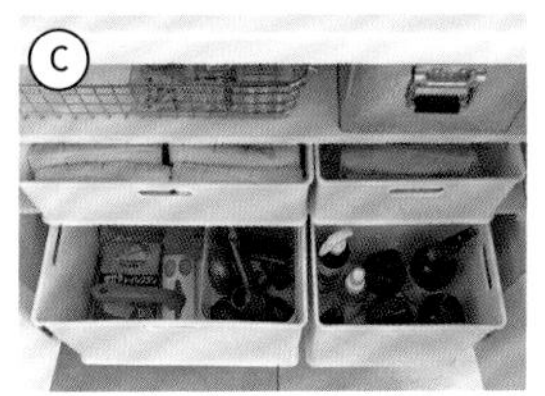

大小不等的收纳盒里放的都是清洁用品。

准备晚饭的我和主动帮忙的小女儿

热衷帮忙做饭的小女儿，一听到“阿酱，麻烦帮忙摆餐具哦”，就会非常高兴地来帮忙。“帮忙做家务”试验非常成功！

由纪的 2 居家妙招

不是只有鲜花才好，假花、挂画也可以！好好利用它们，享受属于你的美好居家时光

目之所及的美好装饰，创造让人安心的角落

来家里做客的朋友常说“你家的花草真多”。实际上，“那些花的名字，我都不知道”（笑）。

不过，家里多放一些花花草草，多少会带来一些被治愈的感觉吧？但是打理花草是很花时间的。于是，我用如下方法成功解决了这一问题：

①买包好的鲜花。②不太趁手的地方就摆假花或永生花。③非常不趁手的地方放一些画也可以。大概通过以上这些方法，我和我的家人每天都能享受到花草簇拥的幸福生活啦！

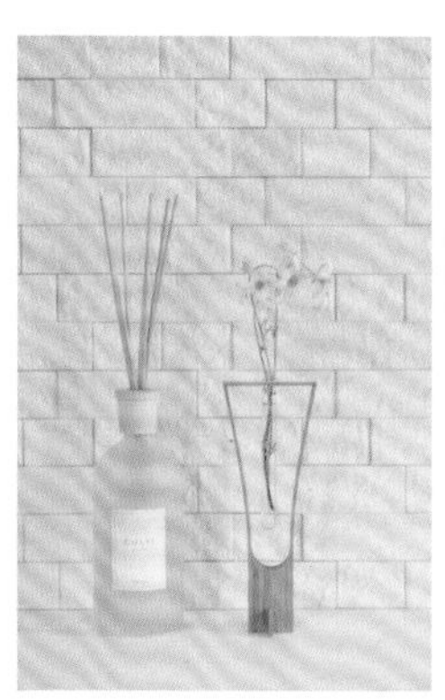

RULE 鲜花

玄关处摆放花朵进行装饰

玄关处插一些大大小小的花，可以让人一回家就变得心情愉悦。上图的"Actus①"花瓶，里面插着大朵花。左图的竹制"TEORI②"窄口瓶，里面插着细长的小花或绿植。

老待在厨房？这里也需要鲜花装饰

我想在洗碗时也心情舒畅，所以就在水龙头附近摆了鲜花。这里用的是"一枚硬币③"花束。

---

①日本家居用品店，日语为アクタス。 ②日本家居装饰品公司。

③一枚硬币（日语为ワンコイン），是"Bloomeelife"推出的团购花服务。一次500日元（即一枚硬币）就可以订花。商家会优先安排附近店铺把当季鲜花打包成花束后定期配送给顾客。

RULE

假花与永生花

冰箱上方不易触碰，所以我选择摆放假花

虽说我经常会待在厨房，但冰箱上方不容易触碰，所以我选择了永生花。这样一来，只要偶尔清洁一下灰尘就可以了。

离水池比较远的茶几上，也摆上假花吧

茶几中间的空格处我也用假花填满了。这样一来，既美观，也无须花很多时间打理。

买不到鲜花时，用永生花代替

没空去花店买花？轮到永生花登场啦！摆上去就能感受到夏日的气息。花瓶来自"Holmegaard①"。

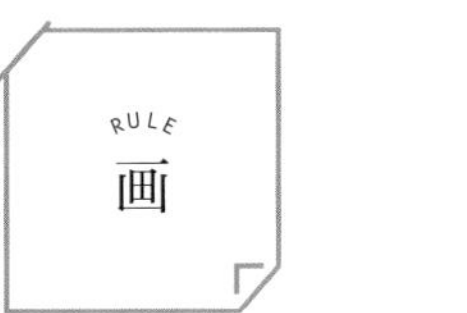

卫生间也用合适的画进行装点

卫生间也是清扫起来不太容易的地方，因此，用一些画装饰一下就足够。我家卫生间色彩较单一，所以选择了与之相配的画和画框。

①丹麦玻璃制品厂商。

胡桃木材质的鞋拔，于"O-kita家具"购入。

玄关的地板是"NOGOYA Mosaic-Tile"的瓷砖。香薰品牌是CULTI①，散发着甜甜的香皂味。

POINT

玄关装饰：一进屋就能让人产生放松的感觉

灰色瓷砖+胡桃木，视觉上让人放松，倍感舒适

大家回家时，首先进入的就是玄关。因为不想这里被鞋子等东西堆满，所以得经常收拾。如果经常用鲜花或香香的"CULTI"永生花做装饰，就能在玄关位置营造出一个充满治愈感的空间。

其实我一开始计划将玄关做成储物间，但后来考虑到房间的宽度就放弃了。尽管没有了储物间，我还是留出了满满的收纳空间。另外，因为我把卫生间设计在了2楼，所以就在玄关的左手边装了一个小小的洗手池。

---

①日本知名香薰品牌，日语为クルティ。

我在洗脸池的左手边设计了一个壁龛，里面放了装饰用的一些日用品。如"MARKS&WEB"的梳子，"sourif[①]"的除臭剂等。

玄关侧面的
小洗脸池

因为洗脸池在 2 楼，所以我在这里设计了一个洗手处。瓷砖是闪闪发光的米色，同样购于"NOGOYA Mosaic-Tile"。

①日本除臭剂品牌，日语为スリーフ。

鞋柜上放的是夏季用的"Perfect Potion①"的杀虫剂，以及能喷头发的防晒喷雾。

包括雨衣在内的雨具被收纳在同一个篮里。

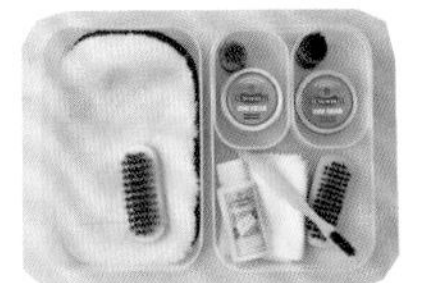

擦鞋用品放在无印良品的塑料收纳盒里。功能简单的鞋油、能呵护皮质的多功能鞋油，以及鞋刷等都收纳在不同的格子里。

常用的鞋被收纳在右边的鞋架里

我尽量减少鞋子的数量，鞋架上只放常穿的几双。比如，这里只有 2 双我常穿的高跟鞋，而其他不常穿的则被收纳在左边的衣橱里。

①澳大利亚护肤香薰品牌。

POINT

玄关收纳，一目了然

（ 玄关衣橱 ）

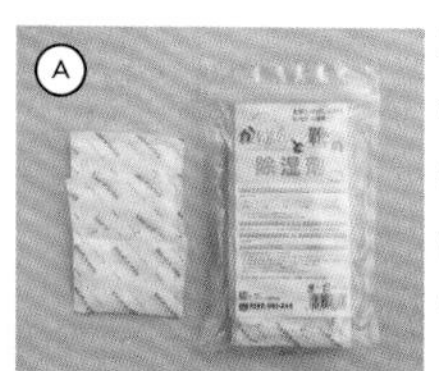

不常穿的鞋子被收纳在宜家的鞋盒里。每个鞋盒里都放入了comolife[1]的除湿包，防止受潮。

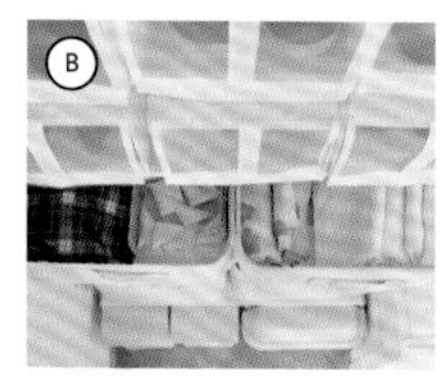

先生出门跑步要用的毛巾、淋雨后擦干用的毛巾、便利店的购物袋及祭祀品等，被分别收纳在无印良品的棉麻混纺收纳筐里。

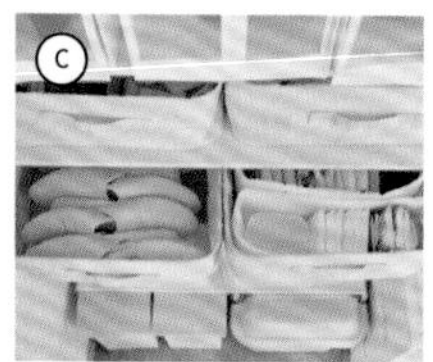

布制收纳箱同样来自无印良品。里面放了客用拖鞋、孩子的手绢、纸巾等。绑头发的橡皮筋也放在这里，取用非常方便。

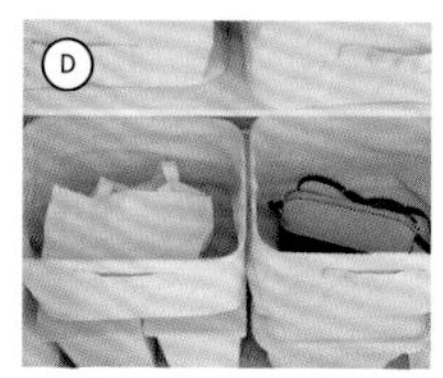

买东西用的环保购物袋、装有超市积分卡的小型超市购物袋等，都放在同一个收纳箱里。这样出门购物时就不会忘记带啦！

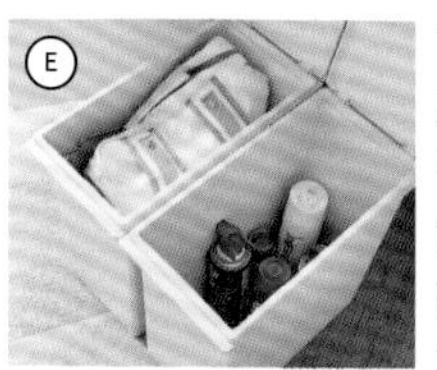

下层放的是防灾用品及杀虫剂等。无印良品的聚丙烯方形收纳筐深得我心——结实耐用，而且可水洗，东西也一目了然。

在院子里游戏时用的玩具放在无印良品的塑料收纳箱里。收纳箱配了盖子，游戏或烧烤时，收纳箱可以充当临时凳子。

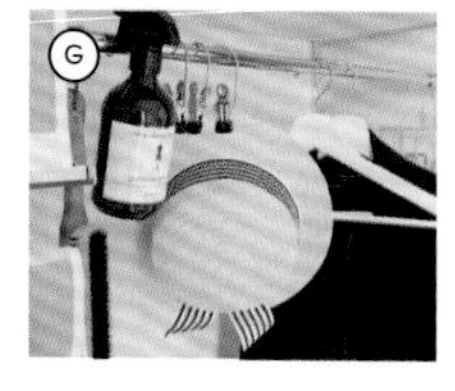

回家后，外套类的服装可以用Redecker[2]的刷子轻轻扫掉尘土，再用Murchison-Hume[3]的喷雾喷一下。挂帽子来自MAWA[4]。

Ⓗ

爱丽丝欧雅玛[5]塑料柜里放的主要是先生打高尔夫的用具、跑步使用的运动用品等。

Ⓘ

要洗的衣服都放在宜家的洗衣篮里。

无须标签，收纳一目了然

玄关左手边的衣柜如上所述，就是用盒子做了一些简单的收纳，然后分门别类地摆在一起。这个衣柜也是我很喜欢的“秘密花园”。一打开柜子，东西一目了然，甚至不需要额外用标签进行区分。

去超市或幼儿园时使用的物品都收纳在玄关处的柜子里，这样出门时就不会手忙脚乱了。全家人穿过的衣服都放在右手边的衣柜里。

---

①德国日用品品牌。 ②日本卫生用品厂商。

③日本衣架厂商，日语为マワ。 ④日本消费塑料厂商，Iris Ohyama。

POINT

尊重孩子的意见，打造法式风格的房间

“女子力”满满的梳妆台

设计新家时，大女儿唯一的要求就是在儿童房摆一个梳妆台。她似乎准备在这里给妹妹设计发型。

大女儿的学习空间 小女儿的玩耍空间

想在自己房间学习的大女儿拥有自己的专属学习区。1楼儿童房放不下的玩具则被放在小女儿的专属区域。

现如今这里摆着我的化妆品

大女儿的专属区域　　小女儿的专属区域

以后我打算将房间隔成两间，所以一开始就设计了两个不同颜色的门。
家具基本都来自 MoMo natural[①]。

综合考虑两个孩子的喜好，分别设置不同的区域

上图是和1楼的整体感觉不太搭的儿童房。其实我也想过把儿童房跟家里整体风格搭配起来进行设计，但我是个重视家人意见的人，所以最终儿童房还是设计成了孩子们喜欢的样子。大女儿喜欢白色简约风，所以摆放了白色家具；小女儿喜欢色彩丰富的物品，所以我灵活利用了原木色，同时摆了一些彩色小物件做装饰。

考虑到将来我们可能还想要个孩子，所以在房间的设置上也比较灵活：以后可以在这里做隔断，也可以作为卧室使用。

①日本家居店，日语为 MoMo ナチュラル。

POINT

结合孩子的个性，考虑收纳方式

大女儿的收纳

超方便的收纳盒、推车等

大女儿讨厌把沉重的包挂在挂钩上，于是我在这里摆放了筐和箱子；她用完东西后随意往里一丢就搞定了。

宜家的箱子里放着化妆品。

小女儿的收纳

准备了分类细致的小箱子

小女儿虽然才 4 岁，却已经精于物品分类，也喜欢分开整理物品了——这一点比较像我。对于小女儿，我为她准备了各式各样的箱子，用来分装她的不同东西。

大女儿是“粗犷派”，小女儿是“细致派”

同样身为女孩子，我的两个女儿个性迥然不同。所以当初在选择收纳工具时，我先征求了孩子的意见：“你觉得怎么做比较好呢？”听过她们的意见后再一起思考并做决定。大女儿在学习环境和收纳工具上都坚持自己的意见，我也会鼓励她试着去做，在进展不顺利的时候再给她建议，从而能不断修正，不断改进。

儿童房

MoMo natural 的灯是 10 年前买的。

小女儿特别想识字，大女儿在很耐心地教她。

儿童房的壁纸，我选择了蓝色

这里是面积为 6 个榻榻米大小[1]的儿童房。装饰上选用了 matao[2]星星形状的串灯，带来一些夜色的感觉。房间里摆着 2 张床，均来自无印良品。床用专用绳子拼接在了一起。床上的玩偶则是在 Zara 买的。

竹筐是用来放玩偶的

“若隐若现”的储物柜

这里的储物柜既带有可摆放连环画的隔板，也装有开放式的柜格，属于将两种储物方式相结合的类型。为了打造一间睡得舒心的卧室，我只在这里放了连环画和相册。

---

①约为 10 平方米。

②日本儿童用品店，日语为マタオ。

由纪的

3

居家妙招

用单色“玩转”素材，尽情享受居家时光

瓷砖，白色，冷色调——被喜欢的颜色所包围带来的幸福感

装修时，能否用一种色彩“玩”出花样也是我很在意的一点。

比如，同样是白色，硬朗的瓷砖白、柔软的棉布白、舒朗的木头白……每种白色带给人的感觉都各不相同。因为我家的主色调已经定成了白色或冷色，那么选择素材时，就要考虑添加一些温馨感，或将白色与一些视觉冲击感强烈的素材搭配使用。这样，就能通过将不同的素材进行组合，“玩”出不同的感觉。

家里的配色少一些，我认为这样的家住起来会更舒服。

RULE

餐厅

比较显眼的儿童椅

来自 Tripp Trapp[①]的柔和蓝儿童椅，因为有了灰色瓷砖和白色百叶窗的衬托，显得更加好看了。

银色×白色的冷酷组合

厨房一侧金属推车的冰冷感，墙壁上带有一丝温度的柔白色，以及人工大理石的磨砂质感——这三者的完美结合也是我非常喜欢的一点。

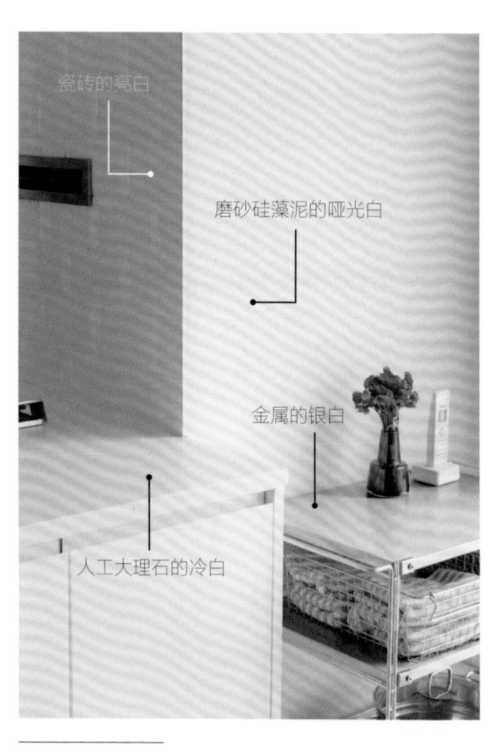

①挪威设计师根据人体工学设计的适合孩子的高脚椅，日语为トリップトラップ。

RULE
厨房

瓷砖的光泽度×
人造大理石的磨砂感

厨房后侧是闪闪亮的白瓷砖，再加上人工大理石的磨砂白，与卫生间相比，此处的配色带给人更温和的视觉感。

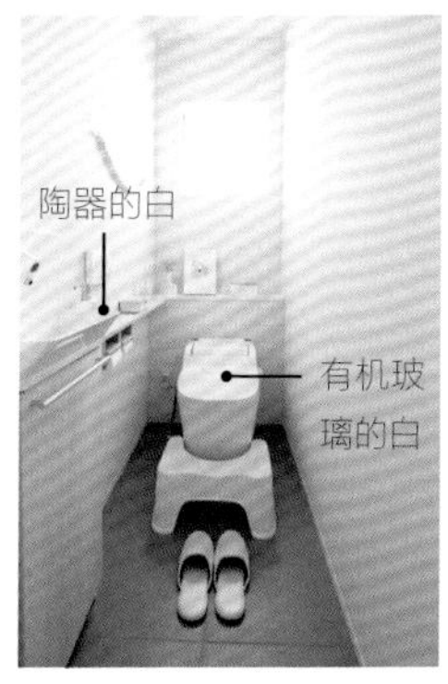

卫生间的“白”是由质感完全不同的物品营造出来的。灰色的地板则在其中起到了中和与缓冲的效果。

RULE
卫生间

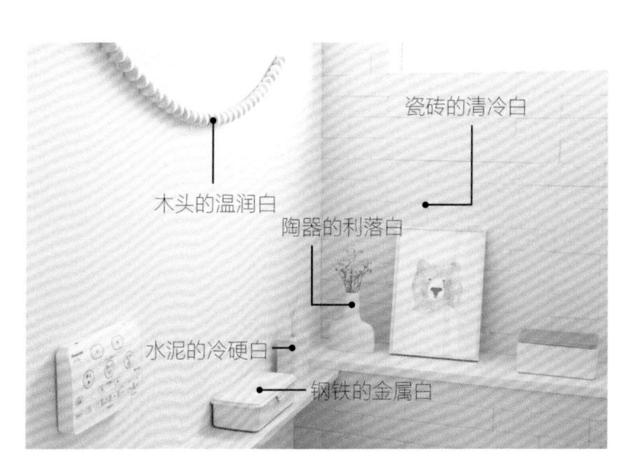

同是白色，不同质感
物品之间的“碰撞”，
也能营造出新鲜感

2 楼的卫生间也是我最喜欢的地方之一。木头的白色、多孔瓷砖的白色、陶器的白色，即使都是白色，彼此混搭在一起，整体的感觉也会有新变化。

POINT

盥洗室里有很多“我的爱”，这是一处治愈之地

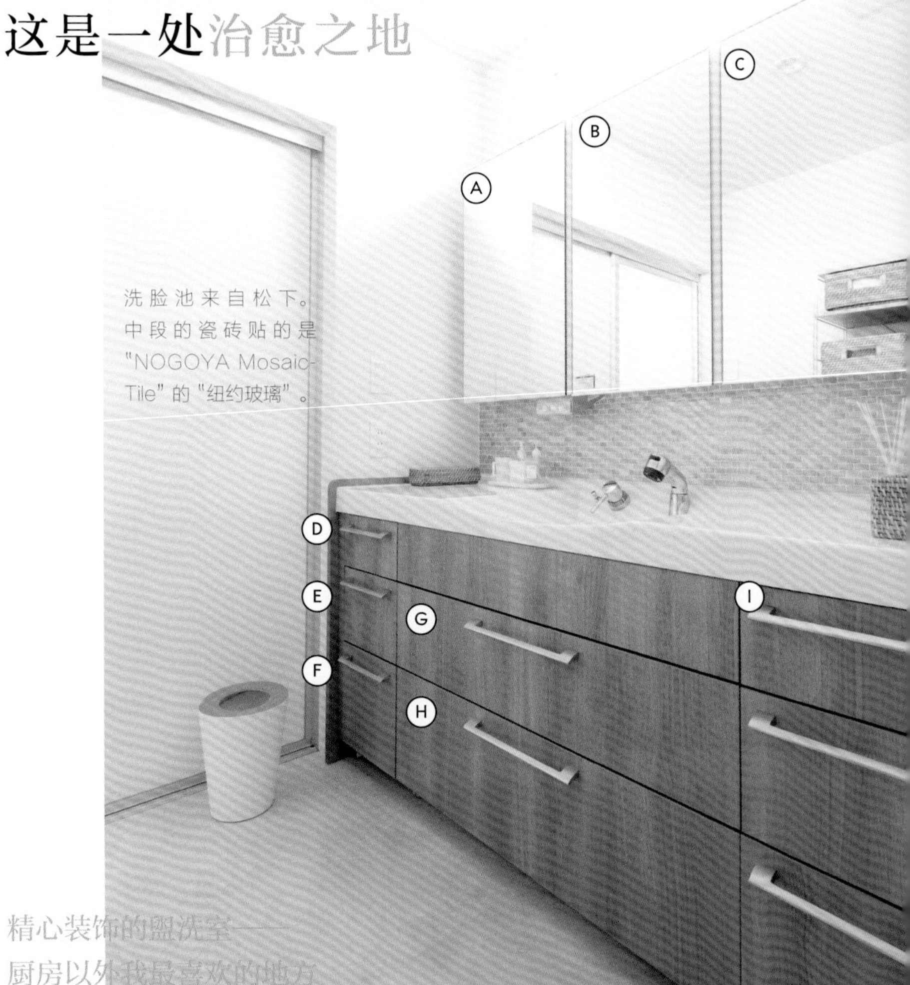

洗脸池来自松下。中段的瓷砖贴的是“NOGOYA Mosaic-Tile”的“纽约玻璃”。

精心装饰的盥洗室——厨房以外我最喜欢的地方

这里是我精心布局，花了很多心思的地方。因为我要在这里化妆，且我的护肤品和彩妆都放在这里。因为这里还存放了家人的毛巾和清扫工具，所以预留了很多可供收纳的地方。和厨房类似，对于喜欢化妆品的我来说，这里就像“天堂”。我总会把这里收拾得很整齐，希望这里无论何时都是一处美好的空间。

化妆间

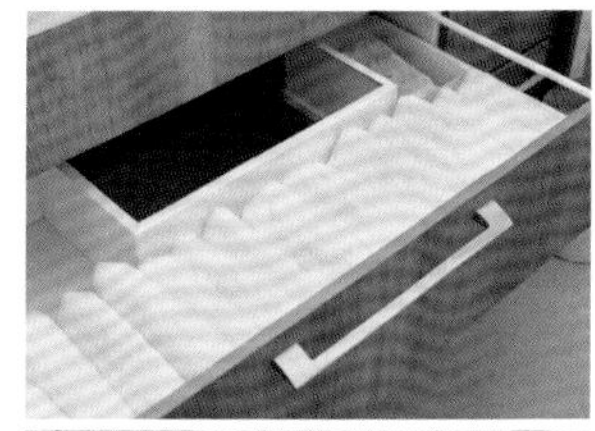

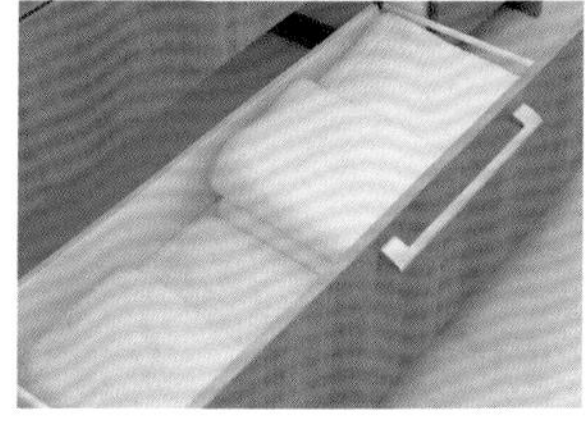

“毛巾”角落 Ⓖ Ⓗ

浴巾、洗脸巾都可以轻松取出

中间的大抽屉放的是最常用的毛巾。毛巾都来自我老家的泉州毛巾（品牌参照本书 P120）。洗脸毛巾使用最多，所以我会选择质量上乘、性价比高的商品。

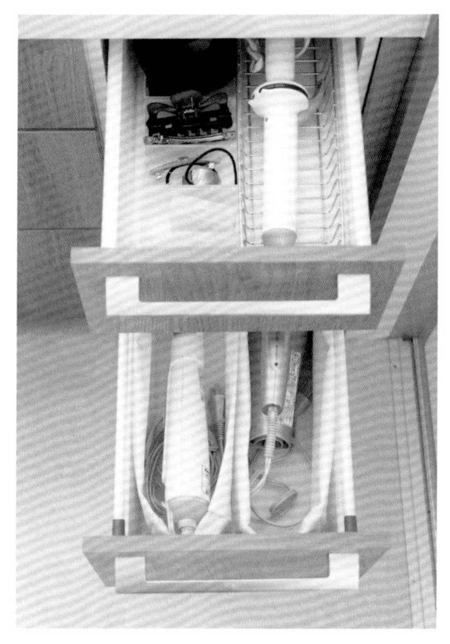

“发型”角落 Ⓓ Ⓔ

加热、定型的卷发棒和吹风机等工具放在这里

加热的卷发棒能够在还未冷却的时候就被收进抽屉里，这是因为——我有内置整理架！内置整理架是不锈钢的，能耐高温，为快速整理提供了不少方便。另外，为防止实木抽屉被吹风机磕碰，我还特意铺了无印良品的无纺布套。左边的吹风机是女儿的，右边的是我的。

清扫工具角落 Ⓕ

清扫工具和漂白剂整齐排列，一目了然

浴室另一侧的抽屉里放的是浴缸专用的霉菌清除液，拖把的替换头以及漂白剂等。

图中是把最左边的镜子打开后的柜子。中间层摆的是基础护肤品，按照使用频率高低从左到右排列。下层是展示格。 ©

POINT

“女子力”满满的化妆间

三面化妆镜柜的背后都藏着我的“宝贝”

打开超治愈的化妆间，来看看抽屉里都藏着什么呢？里面放的都是我的挚爱——化妆品。不管是困倦的清晨还是疲劳的夜晚，只要看到这些，我就能马上恢复活力。这就是化妆间于我的魅力所在！

尚在工作时就喜欢的产品也好，第一眼“爱上”的新产品也好，我都用无印良品的收纳盒集中收好，放置在这里。而我现在正在使用的化妆品，不仅产品好用，瓶子也都很好看！

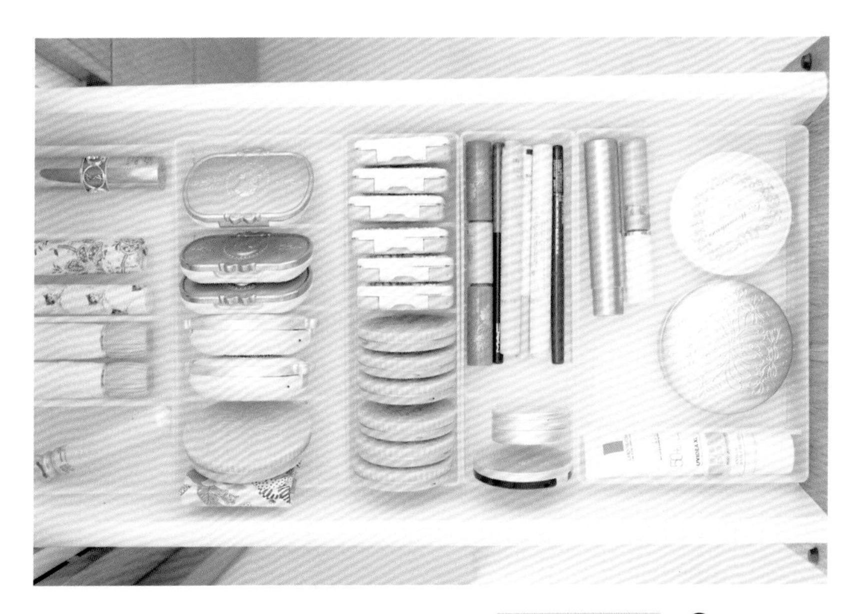

化妆角落 

利用整理架进行分类放置

洗脸池左边的抽屉里放的是眼影、腮红等物品。为了方便使用，内置收纳用的是无印良品的“抽屉内置收纳盒”。这样一来，东西被分门别类地放置好，取用非常便捷。

站在化妆间，看到自己喜欢的化妆品，瞬间觉得全身都是力量！

卫生用品 

常用物品的放置
也要遵循“易取”原则

右边和中间的镜子背后放的是牙刷等日用品。右边中间层放的是身体乳——瓶子也很美！因为下层距离卷发棒的位置很近，所以我在这里放了美发用品。

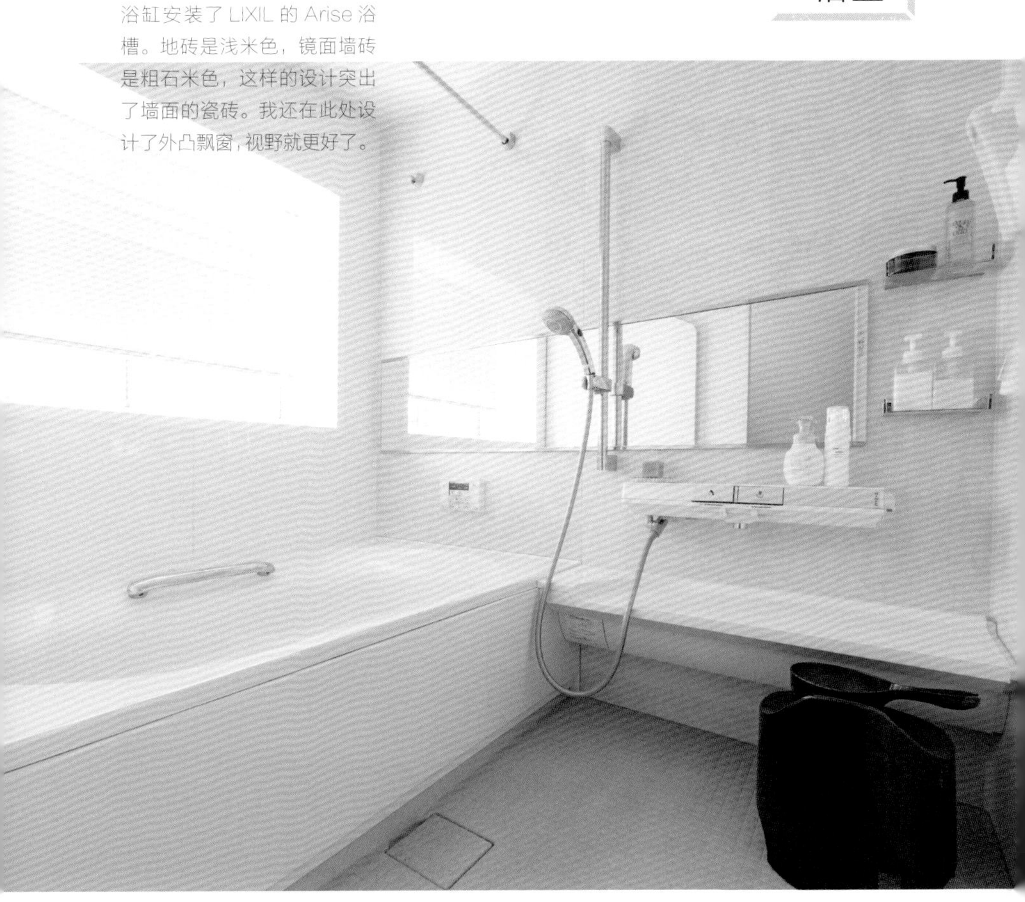

浴缸安装了LIXIL的Arise浴槽。地砖是浅米色，镜面墙砖是粗石米色，这样的设计突出了墙面的瓷砖。我还在此处设计了外凸飘窗，视野就更好了。

我在室内装潢和装饰品上都选了白色和米色，统一色调

上图是2楼的浴室。因为这里是解乏的场所，所以设计时充分考虑到了舒适度。主色调是白色和米色。唯一的亮点是获得设计大奖的dureau①的浴室椅和水桶。我在浴室里设计了很多白色的装饰，唯独浴室椅和水桶选择了贵族黑。

因为优先考虑房间的宽敞度，浴室设计在了2楼，可能有人会担心等我们以后上年纪了或许会上下楼不方便。虽然我也想到了这一点，不过未来的事情等到时候再说吧！总之，现在我用得很舒心！

①日本知名浴室椅，产自Sinkatec。

PART 2

POINT

重视整洁度，打造大家都感到舒心的浴室

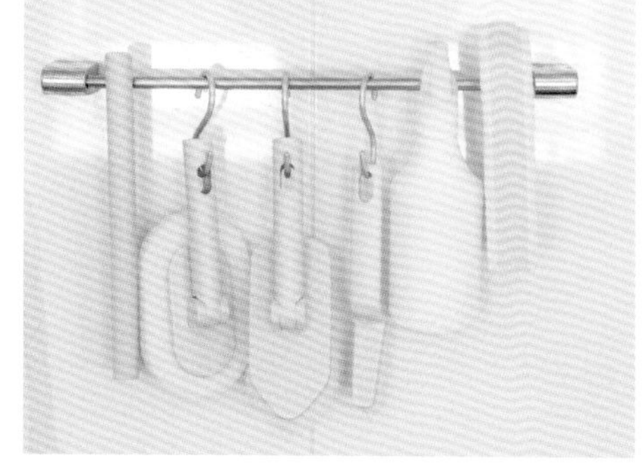

清洁工具倒挂着收纳，不会积水

清扫工具倒挂在毛巾架上，既防滑又卫生。刷子是无印良品的，浴缸海绵刷来自"QQQ①"。

上层是我的洗发水和护发素，来自"oggi otto②"。女儿们的美发产品都用透明瓶装好，一目了然。

无印良品的藤条筐看起来很上档次，我很喜欢。这里放的是卫生纸等需要囤货的卫生用品。

我想要营造一种穿透感，因此特意选择了开放式架子

以前我也想过在这里做一组柜子，但是好像会带来一种压迫感，所以最终选择了无印良品的不锈钢架。洗衣篮则来自"Freddy Leck③"。

①系列清洁工具，产自大蕙日用品（ohe，日语：オーエ）。
②系列洗发水，来自 Techno-Eight（日语：テクノエイト）。
③日本杂货店。

POINT

先生喜欢的“宾馆式”卧室

床单是“冷淡灰”（参照本书 P119）。墙壁也是同色系的，来自 LIXIL 的 ECOCARAT 多孔瓷砖，具有防臭的功能。

床品同样来自“O-kita 家具”。作为沙发的替代品，我们的床头是可调节的。这样一来，面对壁挂式电视，躺着看电视完全没问题。

“冷淡风”的颜色和建材，能营造出一个让人放松的空间

主卧的主题是“宾馆式房间”。百叶窗是褐色木质的，墙壁是灰色的，整个房间都是冷淡风，不在房间里放置任何多余的物品。照明用的是间接照明，夜晚给人的感觉尤其轻松。

因为要保证隔壁衣帽间和儿童房的宽敞度，所以我们的卧室相对狭窄，只能放下床和电视。但如果定位只是睡觉的话，空间足够了。

从卧室到衣帽间之间的动线良好

卧室的隔壁是衣帽间。因为距离很近，起床后能马上穿衣打扮，非常方便。

狭窄的卫生间也能“玩”出新花样

卫生间

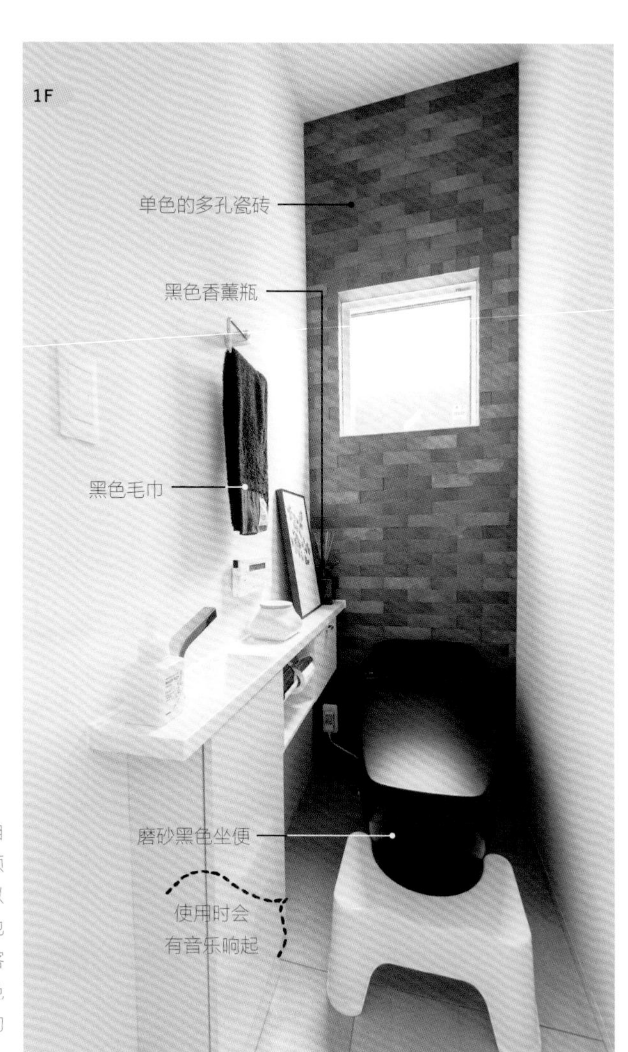

墙壁瓷砖和毛巾选用的都是高档品

少见的黑色坐便来自LIXIL。因为坐便的颜色极具冲击力，所以毛巾、拖鞋的颜色也定了黑色。墙壁和客厅相同，用的是灰色的 ECOCARAT 的多孔瓷砖。

1楼属于先生、2楼属于我，根据我们各自的喜好来设计

如各位所见，我家卫生间的风格就是黑白配。卫生间似乎是一个不怎么需要精心设计的地方，但我认为，我家的卫生间正因为其狭窄才给了我更多的想象空间。

我特意挑选了颜色不同的坐便，在装修时搭配了相应的风格。1楼用了很多黑色的小物件，简约的摆画又增添了几分柔和感。2楼则运用了各种素材、各种颜色的“白”进行混搭，用同一种颜色营造出丰富多变的层次感。

以“纯粹的白”为主题的搭配

2楼是完全按照我的喜好来设计的。不锈钢、大理石、木质等材料混搭，同是白色却各不相同。值得高兴的是，我的这套设计还获得了“石田ゆり子奖”。这个活动由松下主办，主题是“让卫生间成为喜爱的空间”。

由纪的 4 居家妙招

不要陷入“必须××”的装修魔咒，享受属于你的居家时光

不要让自己迷失在各种信息里，如何让家人感到舒适才是最重要的

设计房间布局和装饰时，通常该怎么做呢？大家都是怎么做的呢？我很在意这些问题，于是我提前做了调查。

比如，不少人认为，既然以后才打算要孩子，那么现在可以把大人的卧室设计得宽敞一些；另外，据说“在客厅学习的孩子成绩会更好”，等等。其实，当你认可“就该这样做”时，就已经被外部信息“支配”了。这时，如果“听听孩子的意见”或者“自己冷静下来思考一下房屋的动线布局和时间计划”，就会知道别人说的也不见得完全是对的。虽然我也仍处在迷茫中，但我还是想介绍一下我们家的情况。

RULE 1

Q. 让主卧大一些，儿童房小一些？

A. 睡觉的地方，只要感到舒服就OK。

一般的家庭，因为大人在家待的时间比较长，所以会把主卧设计得更大。但是，我家情况不同，先生下班比较晚，而我自己在卧室停留的时间也只有一点点。这样一想，我们夫妇只要有一个能睡觉的地方就够了。另一方面，我们还想再要一个小孩子，而孩子因为上学或兴趣爱好等也会占用很多的空间，所以我们觉得还是把儿童房设计得大一些比较好。如果需要，儿童房将来会进行隔断处理，所以现在就给儿童房留了比较宽敞的空间。

RULE 2

Q. 在客厅学习效果更好?

A. 听取孩子的意见，选择能提高孩子学习效率的地方。

我经常听别人说，在客厅或餐厅学习的孩子成绩好。所以，我们也有必要在 1 楼设置一个学习区？我们征求了大女儿的意见，得到的回答是——别人是别人，我是我。她觉得在自己的房间学习更能集中精力。在得到女儿答案的瞬间，我突然意识到：根据孩子的不同个性来做决定才是十分重要的。

RULE 3

Q. 玩具之类的物品都应该藏起来?

A. 被自己喜欢的事物包围着，想来应该是一件很幸福的事情吧!

对于孩子们喜欢的玩具，大人应该“宽容”到何种程度呢？这是所有有孩子，又喜欢收拾家的人共同烦恼的一件事。想想我自己小的时候，就把喜欢的海报贴得满墙都是。现在回想起来，依然觉得很幸福。目前，上中学的大女儿也有了自己喜欢的动漫。"别贴海报！”——我是绝对不会这样要求她的（笑）。就让她沉浸在被海报包围的幸福中吧，这样就足够了。

RULE
4

Q. 洗菜桶已经过时了？

A. 洗菜桶能一次性堆放用过的盘子等，用途多多。

近来好多人觉得洗菜桶很麻烦，所以弃用了。但我特意使用之后，感觉非常方便！我最喜欢的品牌是野田珐琅，可以装满水后洗菜，用过的餐具泡进去也不用再进行预洗。另外，在桶中对餐具进行二次冲洗也十分方便。只要一个桶可以解决很多家务事。有了它，真是太好了！

我喜爱的家庭场景

1

我爱的场景

厨房和儿童游戏区连在一起，和孩子对话更方便了

我没有对1楼的房间进行隔断处理。这样做的好处之一就是我能很清晰地看到孩子。当小女儿在儿童游戏区玩耍的时候，即使我正在厨房忙碌，也能跟她进行一些互动，而孩子也能马上回应我。只有厨房和儿童游戏区“无缝衔接”才能实现上述目标。而我也非常享受这种大家各自忙碌还能相互陪伴的珍贵时光。

PART

3

爱上做家务，

轻松做家务

要是能不做烦人的家务该有多好啊！可事实上，家务是每个主妇都避不开的难题。每个家庭主妇可能都会这样想：要是能轻松去除污渍、霉菌就好了；要是有能轻松做家务的方法就好了……如果能把“讨厌”变成“喜欢”，就能从心理上减轻家务带来的负担，让家务时间变得更轻松了！

POINT

烦人的家务从最喜欢的洗脸池开始吧

联合利华的玻璃清洁剂能完全去除指纹等污渍，让镜面重新变得干干净净。

对洗脸池进行从高到低的清理。首先从镜面开始！

从狭小的卫生间开始打扫，简单快捷地打扫干净

虽然知道家里需要打扫了，可是身体懒懒的就是不想动。任何人都会有这样的时候吧！但是再一想，明天客人会来访，家务不得不做，我就会选择从最容易获得成就感的洗脸池清洁开始。

我家的洗脸池原本就没放什么东西，所以打扫起来也比较容易。当镜子变得闪闪发光，水龙头也锃亮锃亮的时候，我的干劲儿就来了。

因此，不得不做清扫，可怎么也不想动的时候，试试我的方法吧——从最轻松的地方或者自己最喜欢的地方开始！

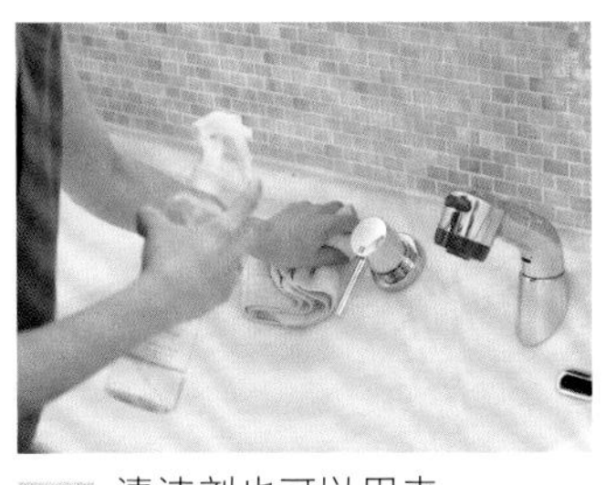

1 清洁剂也可以用来清洁水龙头

和镜子一样，首先在花洒和水龙头上喷上一点清洗剂，然后用宜得利的超纤维毛巾擦拭一番，它们就洁净如新了。看着它们闪闪发光的样子，我的心情都变好了。

2 用香气怡人的清洁剂清洗洗脸台和水槽

我推荐使用 Murchison-Hume 的浴室清洁剂来擦拭洗脸台和水槽。首先用毛巾沾上清洁剂进行擦拭，然后擦干水分即可。

POINT

3 每天更换排水口的垃圾滤网

化妆间很容易堆积头发、积攒垃圾。我推荐大家使用大创的水槽垃圾滤网，头发等垃圾就能很轻松地去除了。

4 用棉签清洁瓷砖缝隙

瓷砖缝里是很容易粘灰尘的。我们可以用棉签来擦除这些水分和污渍，让瓷砖洁净如新。

5 用酒精喷雾器防滑

最后，在瓷砖上喷洒具有除菌、防霉效果的“巴氏消毒液”便可收工。该产品不仅有防滑功效，还因为其成分是食品级用料，有孩子的家庭也可以放心使用。

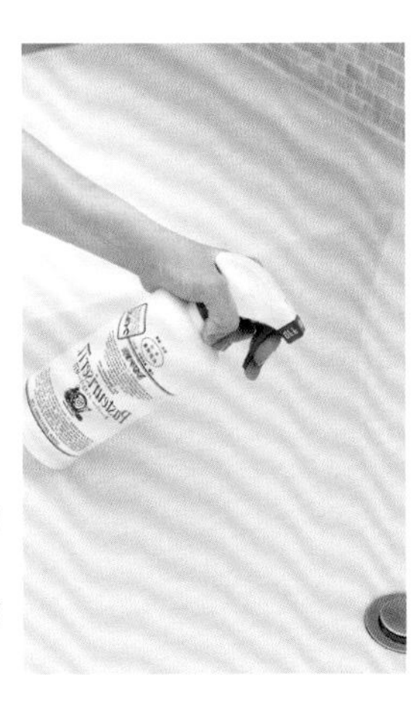

做好预防，轻松防霉

每天&每周一次的简单防霉措施

浴室是一个放任不管就容易长霉的地方。说起霉菌滋生所带来的恐惧……我属于过敏体质，所以实在是受不了。

于是，我制定了一些每天&每周一次的防霉措施。首先，我每天都会在天花板以外的地方洒上50度的热水，然后通风。至于每周一次的除霉工作，我会在浴室柜的背面、橡胶垫以及天花板上喷上飞雄霉菌骑士[①]除霉剂。该产品采用发酵乳酸除霉，比起强碱性清洁剂，使用起来更加令人安心。

不过有的时候，即便预防措施做得再好，不起眼的角落也会长霉。这时候该怎么办呢？我也有办法！

每天洗完澡后要及时用热水冲洗并通风

热水可以除去尚未成形的霉菌。首先用50℃的热水冲洗墙，然后关上窗户，将排气扇打开，直到第二天早上。这已经成为我每天保持的习惯。

飞雄霉菌骑士脱霉剂利用乳酸除霉，不但对室内环境的影响微乎其微，而且没有碱性清洁剂的强烈刺激性气味。

①除霉菌喷雾品牌，日语为カビナイト。飞雄为日本化工企业。

使用无印良品的拖把刷脱霉剂。

防雾产品&对付霉菌、水垢类产品……

防雾

镜面起雾，早做预防

为防止镜面起雾，我准备了一些很好用的产品，如图中所示的丽固易涂抹防雾剂。

水垢

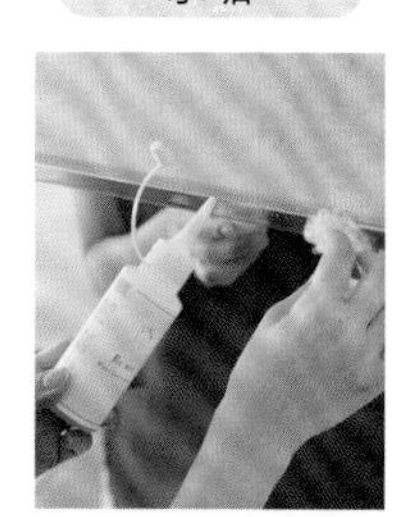

专用洗剂，焕发亮光

稍微偷懒不打扫卫生的话，水垢就出现了。用这款专业清洁剂擦一擦就干净了。（Re：set[①]除水垢凝胶）

霉菌

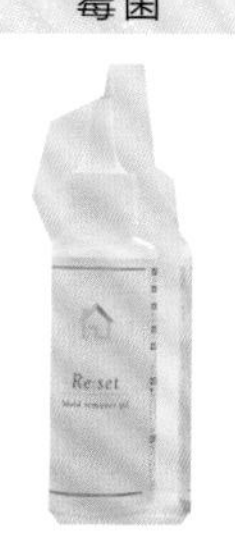

一旦发现，立即消灭

有时候太忙了没时间打扫卫生，霉菌就会不请自来。这时候，我想推荐一款专业除霉产品——Re：set 除霉凝胶。

①一种清洁剂，清扫专营店 KIS 的产品。

POINT

随机应变，带来美感的同时，成就感也加倍了

使用蒸汽拖把，房间轻轻松松变干净。

分别选择适用于瓷砖和实木地板的工具

日常清洁，用吸尘器就可以轻松完成。不过，每周我还是会认认真真地擦一次地板。我家的餐厅铺的是瓷砖，而客厅则是木地板。我会按照二者材质的不同，选用不同的清洁剂和工具。

对于瓷砖地板，使用蒸汽拖把边加热边拖，就能轻轻松松去除污渍。而对于木地板，我则使用香气怡人的清洁剂。光着脚踩在刚擦干净的木地板上真是舒服极了。每周这样擦一次后，大扫除的时候就不用特别清洁地板了。

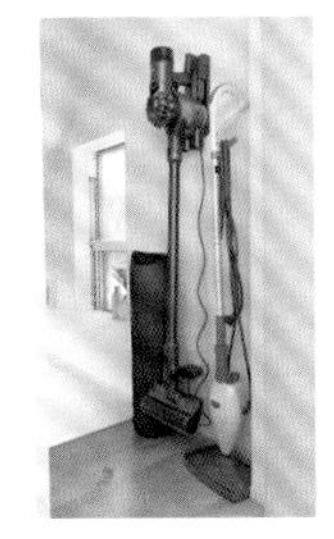
将吸尘器放在方便拿取的地方，这样做起清洁来也更容易。

用手拼命擦地板

这是我很喜欢的木地板。由于孩子们还小，经常在地面活动，所以地板必须得擦干净。首先，我将适用于实木地板的清洁剂溶入水中，然后开始用宜得利的微纤维布擦。虽然擦地板有些累人，但是当地板折射出迷人的光泽，空气中弥漫着葡萄柚的清香时，我也充满了成就感。

地板

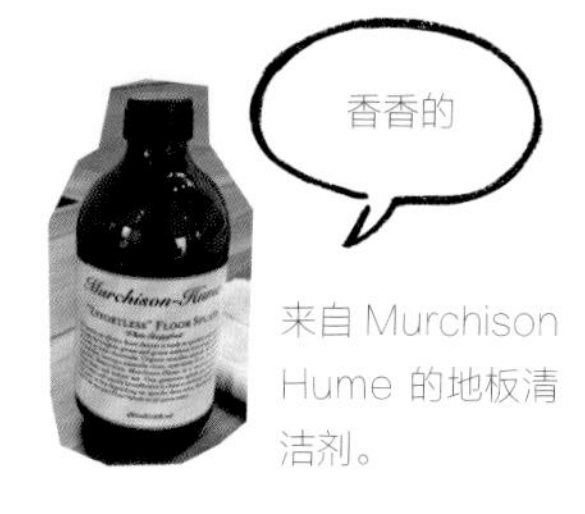

来自 Murchison Hume 的地板清洁剂。

2楼的地板用拖把清洁

比起 1 楼，2 楼的地板要干净些，做清洁时，我通常使用无印良品的拖把。使用的清洁剂则和 1 楼的一样。

一次性微纤维布——房间闪闪亮

在每周一次的打扫中，我会将每块地板都擦干净

市面上的清洁布用起来虽然很方便，但是我在家里打扫卫生间的时候，用的更多的是一些旧的微纤维布。首先，我会用干抹布将马桶、柜子和地板上的灰尘擦干净；然后，我用水打湿抹布，蘸上中性清洁剂“绿魔女”继续进行擦拭。如此一来，污渍很快就被擦干净了。

马桶则用除臭剂进行清理。每周这样打扫一次，能让污渍无处遁形。

为了方便使用，可以将中性清洁剂装入“Rochelle 喷瓶”中。

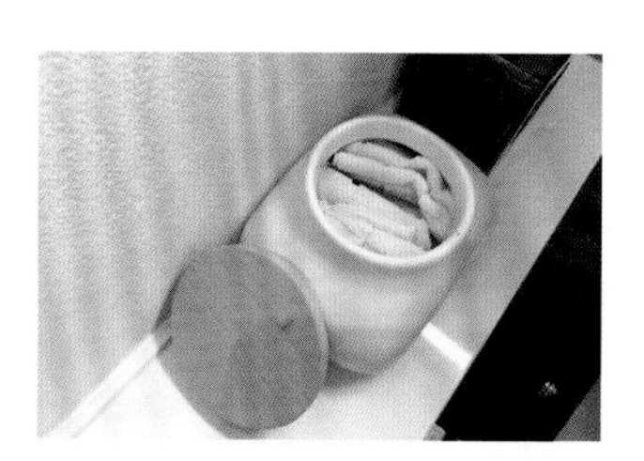

这是宜得利的无纺布。我会把在厨房等地方用过的抹布剪成小块，重复利用。

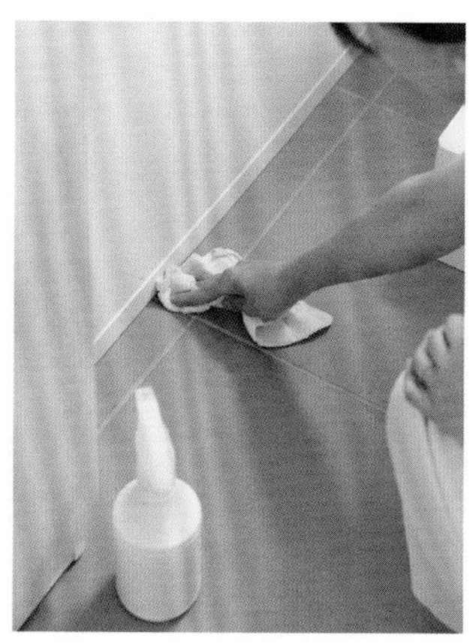

每周认认真真地擦一次地板

擦地板的时候，比起清洁布，我更喜欢抹布，因为后者便于用力，擦起来很方便。用完的一次性抹布直接扔到垃圾箱即可。

POINT

天气好的时候，试试用水冲洗玄关

经过各种尝试，我发现用水洗玄关是最好的

玄关作为家人进进出出的地方，最容易留下一些泥巴和污渍。怎样才能在不损坏玄关地板的情况下，保持玄关的清洁呢？为此我做了很多尝试，然后发现清洁剂容易对植物造成危害。

困惑之余，有一次我把玄关那里放着的鞋之类的东西全部清走，然后将满满一桶水倾倒在地上，用刷子“唰唰唰”地刷个不停……后来地板居然变得干干净净了。果然选对了打扫卫生的方法，心情就是好啊！

玄关壁橱下面的东西，清理后再冲水打扫玄关。刷子来自无印良品。

打扫之前将地上的东西都清理干净

冲水打扫前，将壁橱下面的东西拿走，然后用无印良品的扫帚把玄关的垃圾和灰尘扫掉。

巧用上下楼梯时的时间进行打扫

在楼梯上和楼梯下分别备好刷子

和客厅一样，我家的楼梯用的也是胡桃木。胡桃木颜色较深，一旦沾上污渍就格外显眼。往往早上刚打扫过，一到晚上又脏了。

那有没有简单快捷，甚至不需要用吸尘器就能清理干净楼梯的方法呢？后来我想到了，那就是上下楼梯的时候顺便刷一刷。这已经成为我现在的一个良好习惯了。

楼梯下面的窗台上放着拖把

我在窗台上放了一个无印良品的“微纤维迷你轻便拖把”，它还自带一个盒子。它们都是白色的，和室内装饰完美融合，几乎看不出来。

刷呀刷

上下楼梯的时候快速地用拖把掸去楼梯上的灰尘。拖把的毛很长，去灰效果良好，而且令人欣慰的，拖把头脏了只需整体更换就好。

“唰”地一下就扫干净了

我家2楼的楼梯口旁有一个窗户。我在窗台上放了一个盒子，这里是拖把的“家”。其实，这个盒子和拖把本身就是配套的，不过盒子里放不下全部刷子，所以“多余”的刷子我就用在了别处。

用来“顺便”打扫的清洁剂和微纤维布也是这套拖把的配套产品

我把家用清洁剂和超纤维布放在2楼的窗台上。之所以这样做，是因为我希望家人在看到污渍后，也会“顺手”打扫。（笑）

POINT

东西少的时候，是做清洁的最佳时机

当冰箱里的菜都吃得差不多的时候，就到了该清理冰箱的时候

冰箱、微波炉，我们几乎每天都会用到，里面很容易塞满东西，容易变得油腻不堪。

我会在周末，也就是把每周准备的菜基本吃完的时候进行清洁。我喜欢用“强力去渍苏打喷剂”。相信大家都很熟悉“生态清洁”这个词吧，我选的这种喷剂不含表面活性剂，在厨房也可放心使用。

将冰箱里的东西
都拿出来后再打扫

清洁冰箱前，我会把里面的东西全部拿出来。这样做虽然有点麻烦，但是由此我还可以知道哪些东西快到保质期了，可谓一举两得。

将微波炉
从内到外清理干净

苏打水呈弱碱性，去污能力是小苏打的 10 倍，能够有效去除油污及食品异味，可用于去除微波炉里面的异味和污渍。

由纪的 5 居家妙招

大扫除进度表——尽情享受居家时光的诀窍

不擅长打扫的我，能成为一名“出色”家庭主妇的秘诀

我真的不善于打扫卫生，在本书第一部分我就提到过。如果让我选择一个我最不想做的家务，我首选“打扫卫生”。但是，家里难免有灰尘，想稍微偷点懒不按时打扫，家里很快就脏兮兮了。

而且我还发现，家里越脏，越是不想动手打扫。于是，我制作了一个“卫生打扫进度表”——以“周”和“月”为单位，每完成一件事就做个记录。这个表格虽然简单，但它提供了打扫卫生的动力，让我充满了成就感。

以“周”和“月”为单位记录卫生清扫进度，
尚未完成的家务一目了然。

我的“卫生打扫进度表”

CLEANING CHECK LIST

周	①	②	③	④	⑤
家务（擦拭） POINT 1	✓	✓	✓	✓	✓
地板（擦拭）	✓	✓	✓	✓	✓
浴室（多留意）	✓		✓	✓	
洗手间（多留意）	✓	✓	✓	✓	
洗脸台	✓	✓	✓	✓	✓
厨房周边		✓	✓		✓
玄关	✓				
冰箱	✓		✓		✓
沙发	✓	✓		✓	
床单	✓	✓	✓	✓	✓
阳光房		✓	✓		✓
储藏室		✓		✓	
		POINT 2			

月	计划	检查
洗衣机 POINT 3		✓
换气扇		✓
垃圾箱		
纱窗		✓
橱柜内		POINT 4
浴室杀虫剂		✓
衣柜		
洗脸台内		✓
踢脚线		✓
吸尘器		✓
水槽		✓
加湿器、空气净化器		
阀门		
制冰机		
洗碗机		✓

MEMO

记录每周要做的事情

和每天都要进行的清洁工作不同，我会将每周做一次的事情列在表里，例如用清水擦地、清理卫生间地板等。

1周、2周……记录每周做的事情

从第1周开始，逐一进行记录。有时候忙，有些事情做不了，于是相对应地，那周就没有记录。然后，我会针对这些没有记录的地方进行打扫。

记录每月要做的事情

记录每月要做的事情，例如清理鞋柜、清洗吸尘器等。

打扫后再做记录

同要点2，此处也要在打扫后做好相应记录。因为拖到下个月的话会更难处理，所以之前因故没有打扫的项目，我会在下个月尽早打扫。

听音乐，
好心情

听喜欢的音乐
为自己打气

趁孩子们不在家，我认真打扫屋子的时候，会放我最喜欢的"ONE OK ROCK①"和米津玄师②的歌曲。听到这些歌，我马上就会干劲十足。

①日本著名乐队，于2006年成立。　②日本音乐人。

POINT

挑选合适的洗涤用品，轻松洗衣

让洗涤过程充满乐趣的洗涤用品

洗衣服在所有家务中是非常耗时的一项工作。有时候家里脏衣服很多，我一天要洗4次。为了让洗涤的过程变得快乐，我根据自己的喜好挑选了一系列洗涤产品。

例如Freddy Leck的洗衣篮、洗衣网袋、剪刀等，它们无不带着绿底白字的logo。正是因为这些产品，我才能轻松度过我的“洗涤时光”。

起床后
马上洗衣服，
神清气爽

一早起床后，我会马上打开洗衣机开关。我选择的洗衣液是大瓶装的“绿魔女”。为了方便使用，我将其分装在小的洗衣瓶里。至于铝制的衣架，则是在无印良品买的。

洗过的衣服放入干燥机可以更快“收获”干衣。这是 sarasa design 的“毛毡干燥球”，看上去好可爱呀！

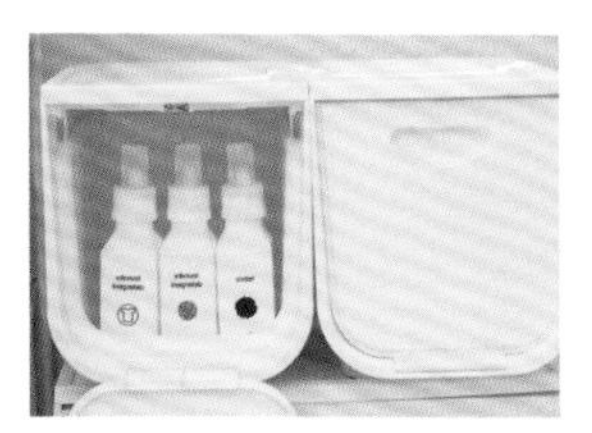

防漏分装瓶是 sarasa design 的“bc2 洗涤喷雾瓶”系列。

我将洗好的衣服放在洗衣篮里。洗衣篮从乐天购入，高度合适，无须蹲下就能够到衣服，减少了晾衣时间。

POINT

家庭衣橱，我的收纳好帮手

从走廊进来，右手边是大人的东西，左手边是孩子们的。

衣服不要塞太多，控制数量

我家的洗衣动线设计得并不合理。因为浴室在2楼，而洗好的衣服却得晾在1楼。于是我采取了补救措施——将家人的衣服都放在家庭衣帽间。这样一来，我就能很方便地将洗好、晾干的衣服收起来了。

另外，由于其余的房间都没有衣橱，所以摆放其他家具的时候倒也方便多了。此外，我还有两条原则想分享给大家：①尽量统一穿衣风格；②不要放过多的衣服。我觉得衣橱里保持80%满就行，这样便于管理。为了防止衣服过多，我会把一些一两年没穿过的衣服送去回收站。

POINT

衣橱管理好，穿搭不用愁

一目了然的收纳

以前，我把上衣和下装分别装在抽屉的第二层和第三层。后来我进行了改造：把下装都拿出来用衣架挂着。从此，我只需要拉开第二层抽屉就能轻松搭配好一身衣服。大功告成（笑）！另外，现在抽屉的第一层和第三层分别放着我们的内衣和运动服。

包很常用，要放在显眼处

我家衣橱边上有一个开放式隔板架。我把包和家人的个人收纳盒都放在上面。包和一些常用品放在那里，皮包则先装进袋子里，然后连袋子一起放到上层的藤条筐里。个人收纳盒主要用于存放暂时换下的衣服和拖鞋等物品。

帽子、首饰和眼镜要放在一起

为了保持整体协调，我将帽子、首饰等放在一个地方——用来存放首饰和眼镜的是无印良品的亚克力收纳盒，用来挂帽子的则是 MAWA 的防滑落夹。

开放式隔板架旁边放着藤条框，用于存放出门要带的物品。我把这些“出门必需品”都放在这里，这样一来，即便第二天我换个包，也不会忘带东西。

与两个孩子的身高相匹配的抽屉

这是用来放两个孩子衣服的抽屉。为了方便，我将上面两层给大女儿用，下面两层给小女儿用。我把她们质地柔软的内衣都放在“天马 Profix”的收纳盒里，便于她们自己取用。

袜子也放在划分好的收纳盒里。从上往下看一目了然，所以小女儿也可以挑选自己想穿的袜子。

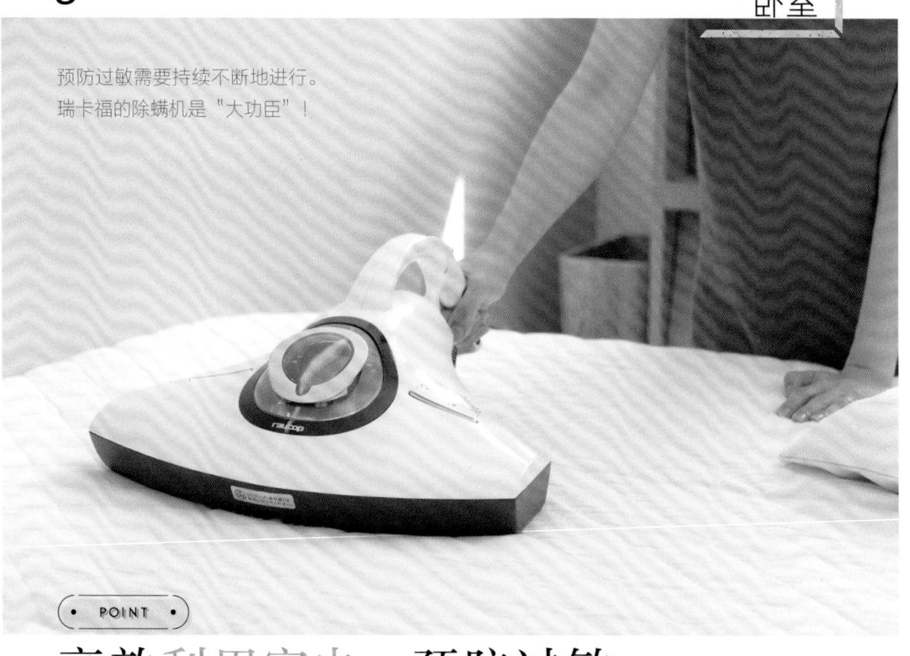

高效利用家电，预防过敏

每天都要做清洁，工具随时准备好

不知为何，我们一家人都对室内灰尘过敏！为了防止出现过敏现象，我时常在思考如何除尘除螨。为此我使用过被褥干燥机，但是把家人用的被子统统处理一遍真的太累了。

于是，我买了一台瑞卡福床褥净化机放在床边。每天睡觉前，我都会用它在床上清洁一番，之后再用除螨喷剂喷一喷，轻松加愉快，床就干净了。这很符合我的一贯原则——轻松做家务。

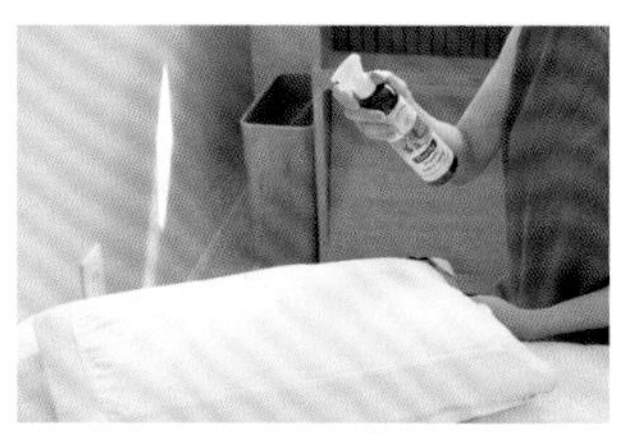
made of Organics[①]的除螨喷雾，不仅适用于枕头，还可用于沙发。

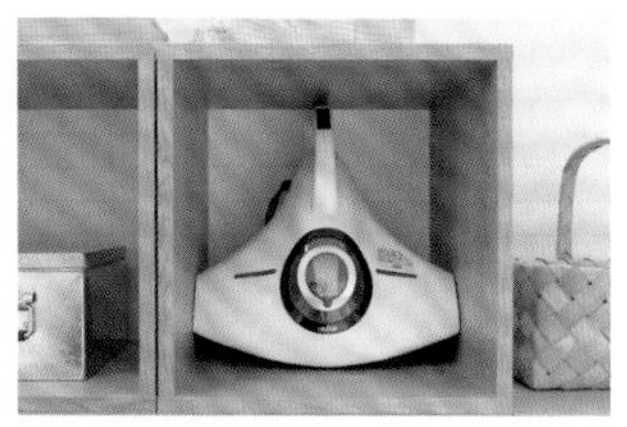
虽然外形不算好看，但是放在孩子房间的架子上能很方便地取用。

①商品名，来自 takakura，在线家居用品店铺，主打自然有机产品。

POINT

轻松换被罩，从此告别麻烦

便利产品的好处是，能让人轻松克服困难

换被罩是我讨厌的家务之一！单是换洗床单我都觉得费劲，何况每周都要把家里四个人的被罩、床单、床垫通通换洗一遍。为了告别这些麻烦，我一直在寻找一些便利的生活用品。

首先，我把原来的床单和床垫换成了新的二合一床垫。幸运的是，我还找到了一款方便替换的被罩。利用一些便利的产品来搞定麻烦的家务，我认为这也是一个好选择。

换被罩的时候，被芯会挤成一团？用“特别的”被罩解决烦恼

我觉得换被罩太麻烦了，因为被芯要么挤成一团，要么很难找到边角。而在使用这款宜得利的“无绑带轻松替换被套”时，只需要将被套翻过来，然后捏着被芯的两个角，迅速翻转，被罩就换好啦！而且被芯还不会“乱跑”。

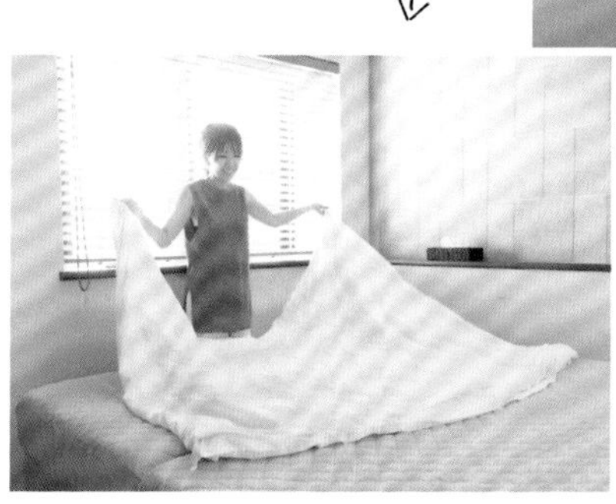

如何做到没有绑带被芯也不会乱跑？秘诀就是防滑布条。

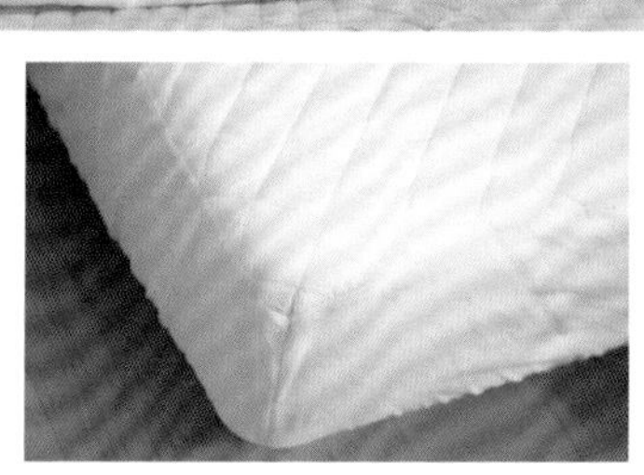

床垫和床单合二为一

这是 Belle Maison DAYS[①]的“床罩型床垫”。恰如其名，由于床垫和床单合为一体，换洗的程序减少了一半。

①日本大阪家居用品店，日语为ベルメゾンライフスタイリング。

由纪的
6
居家妙招

好毛巾，让生活更舒适

根据使用环境，挑选合适的毛巾

看过我博客的朋友可能都知道，我是一个地道的“毛巾控”。相较于买很多衣服，我更喜欢买一些用起来舒心的毛巾。

我会根据使用环境来搭配最合适的毛巾。例如挑选一些小型、便于清洗的毛巾用作汗巾，挑选吸水性能优良的亲肤毛巾用作浴巾。总体而言，我买的都是符合房子装修风格的白色毛巾。

毛巾的使用寿命通常在7个月到1年。因此，我一般在每年春天的时候更换一次毛巾。

浴室款

根据亲肤性能
进行挑选

放在化妆间抽屉里的擦脸巾是“日织惠[1]”的酒店专用毛巾。下图中的浴巾来自同品牌，柔软、亲肤、舒适。

sarasa design的毛巾放在
便于取放的地方

放在浴室门口的是sarasa design的泉州本晒纱布毛巾和内里绒毛巾。肌肤柔嫩的小女儿也能放心使用。

---

①日本知名毛巾品牌，日语为ヒオリエ。

厨房款

根据用途选质地：棉、亚麻……

擦手毛巾来自无印良品（上图靠左）、汗巾（上图靠右）来自宜得利。擦盘子的是"fog linen work[①]"的亚麻毛巾（右图靠右）。用来放盘子的是乔治杰生[②]的大马士革锦缎大号毛巾（右图靠左）。

通用款

万能的宜得利"微纤维抹布"

三种颜色各异的抹布用于不同的地方。这种抹布表面呈格子状，每次使用完后用剪刀剪开，在打扫洗手间的时候进行循环利用。

①厨房抹布专营店，日语为フォグリネンワーク。

②丹麦家居品牌。

在人造大理石上轻轻喷上莎罗雅（参照下页）的清洁剂，
然后用宜得利的微纤维抹布进行擦拭。

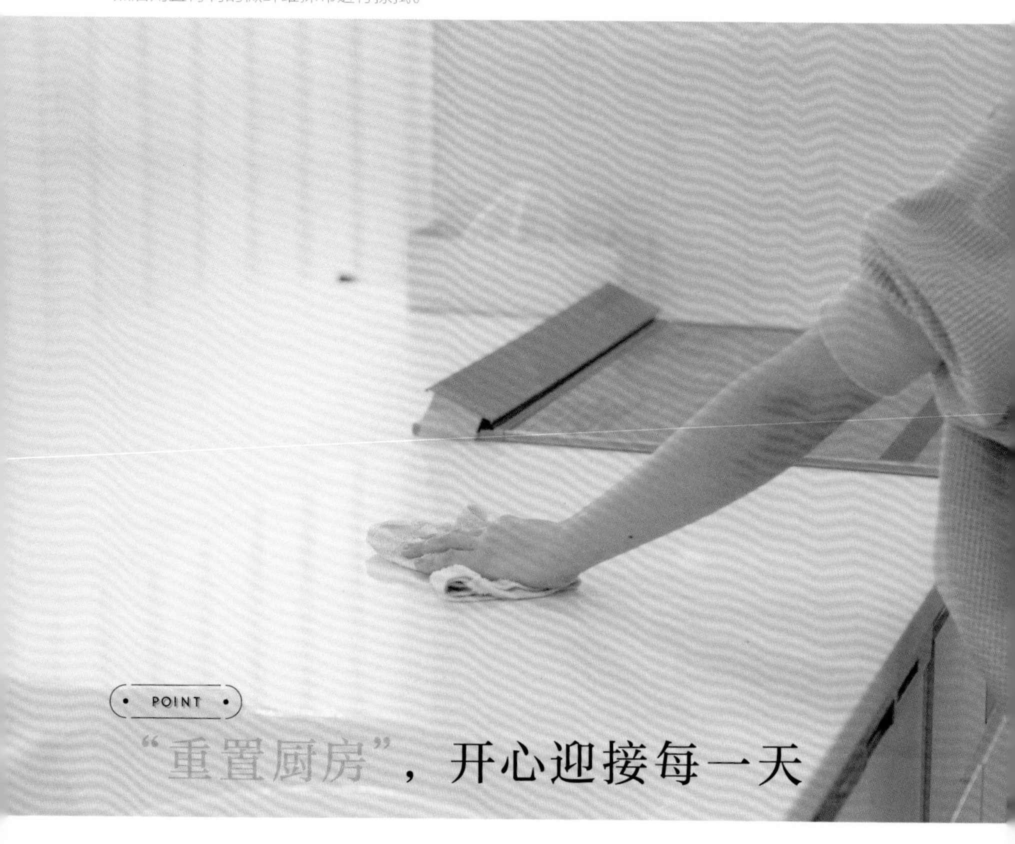

POINT

“重置厨房”，开心迎接每一天

为了保持厨房整洁，我所做的努力

我家的厨房以我最喜欢的白色为主题，因此我希望它带给我的是一种愉快的感受，我想每天打扫一遍厨房……但事与愿违，有时候先生很晚才回来，有时候我自己有别的事情要做，所以实际上我做不到每天都打扫厨房。

我有些无奈地接受了这个事实，但同时告诉自己，每一次打扫厨房，都要认真对待。我会根据人造大理石台、IH电磁炉、排水口、水槽等清洁对象构成材料的不同，来选用合适的清洗工具。

每次打扫干净厨房后，我的心情都无比畅快，认真做美食的劲头也就上来了。

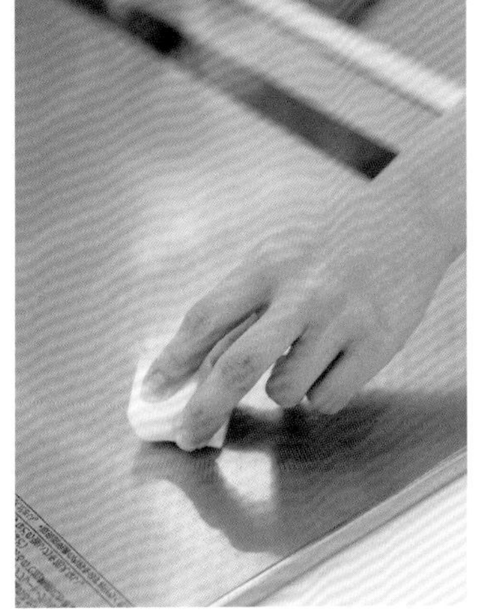

用海绵擦拭IH电磁炉

IH 电磁炉上很容易沾上黑煳渣，可利用三聚氰胺海绵进行擦拭，很快就能去除污渍。

常用的清洁剂是莎罗雅的“高级能量”。由于该产品采用可替换装，用起来非常方便。

专用海绵清洗水槽

来自KEYUCA的海绵“socio”是一款清洁水槽的专用海绵，可以在不损伤水槽表面的同时，轻松清除水槽污垢。

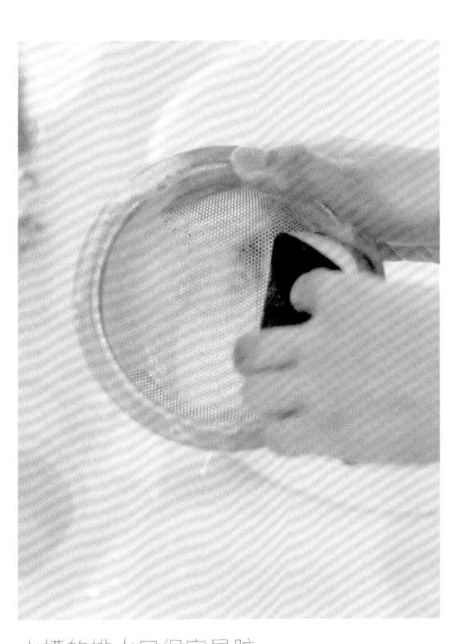

水槽的排水口很容易脏，很多人觉得清洗起来很麻烦。其实，不妨就当成多洗了一个碗吧！认真清洗一下，上面的污渍其实是很容易洗掉的。

水池特别脏的时候，我会在 50℃的热水中加入漂白剂，把海绵放进去浸泡后再清洗。

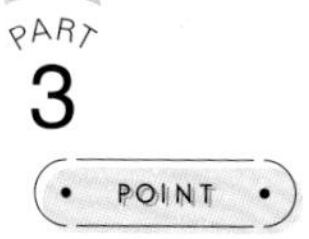

POINT

文件整理系统化

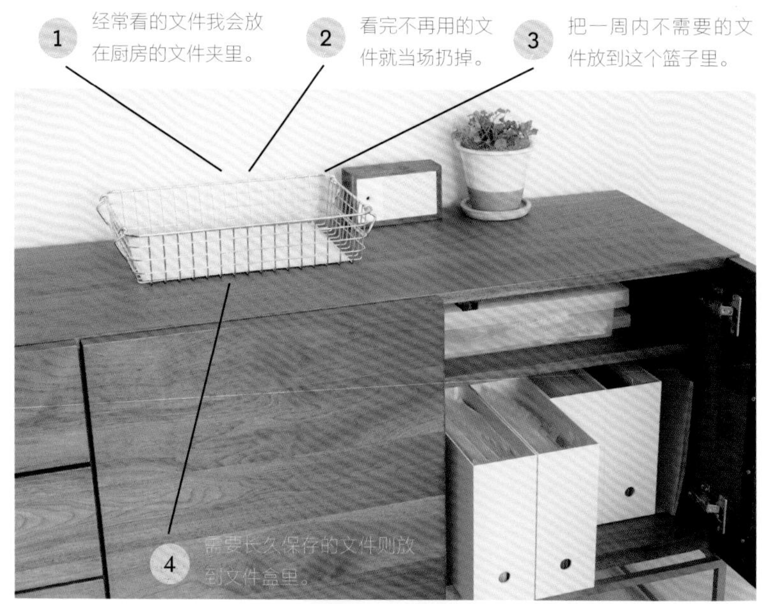

暂时存放文件的盒子来自无印良品。文件进行分类后会移到橱柜里的文件盒里。

在文件盒里放入插页文件架

我会在无印良品的“文件收纳盒”里再放入一个semac①的可伸缩式文件架，便于文件的分类。

要用的文件则放到家人专用的文件夹里

孩子们的个人文件真的很多，稍不注意，桌上就堆满了。为了防止这种情况出现，我自己想出了一套整理文件的方法。

首先，我会准备一个筐子，传单也好，孩子们的一些文件也好，统统放在里面。到了晚上，我会再次确认里面的东西，哪些需要，哪些不需要。每个月的计划表等一些常用的文件，我都会放在厨房的文件盒里（参照P28）。一些需要长期保存的文件则被放在橱柜的文件盒里。如果按照以上顺序整理，文件收纳也就没那么麻烦了。

①文件夹品牌，日语为セマック，来自セキセイ，一家办公用品专营店。

精致实用的清洁剂——让居家时光更幸福

寻找符合装修风格的清洁剂也是一种乐趣

每每看到包装设计优良的清洁剂时，我的心都会为之一动。我就是一个这么单纯的人（笑）。买到心仪的产品，我就能开开心心地用它们打扫卫生，从此与厌恶家务的自己作别。

随着网购的普及，这些装在漂亮瓶子里的清洁剂很容易购买。更让人开心的是，这些产品不仅香气宜人，还对居家环境无害。尽管它们的价格并不便宜，但是如果我利用它们就能更勤快地打扫卫生，对我来说，这笔投资就很有意义。

包装精美的清洁剂

Ⓐ 豪德的橘子精油，让家具光亮如新。Ⓑ 在家居产品店也能买到的宜可诚的膏状清洁剂，用于厨房清洁。Ⓒ Murchison-Hume 的家具清洁剂，纯植物成分，可以放心使用。Ⓓ P104 介绍过的地板清洁剂。Ⓔ made of Organics 的除螨喷雾，利用精油香气击退螨虫。Ⓕ a day[1]的家用清洁剂，香味清爽，可用于除尘、除油渍。

①日本洗涤剂生产商，日语为アディ。

POINT

轻松愉快收集垃圾的秘诀

任何人随时随地都能轻松使用的垃圾桶

收集垃圾是件麻烦事，因为要将垃圾分类，而且还要频繁更换垃圾袋。我家客厅有一个桌面垃圾桶。其实以前用的是普通的垃圾桶，但后来大家都把垃圾往桌上扔，于是我索性买了个可以放在桌子上的垃圾桶，结果还挺好用。平时，这个垃圾桶就放在客厅桌子下面，有时候在家里烧烤，我就把它拿到外面。因为拿来拿去还挺方便的，所以现在的它真是处处都用得上。

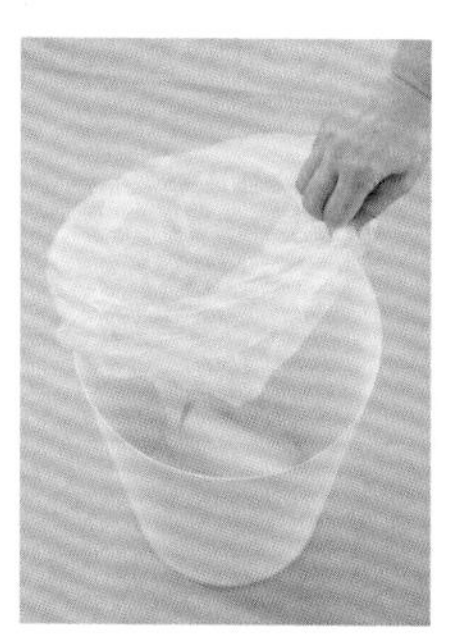

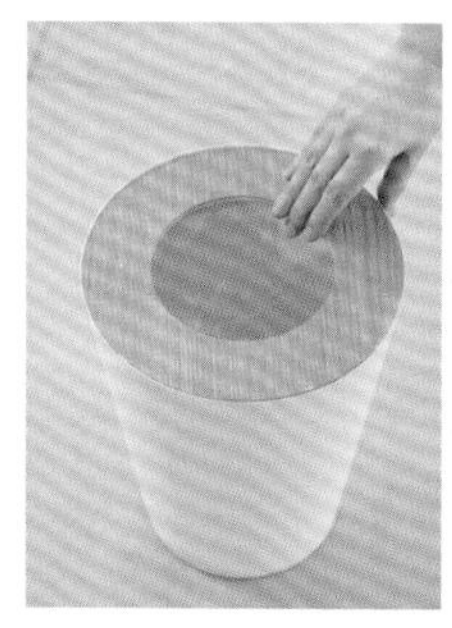

方便好用的垃圾袋

左图是我家 2 楼的垃圾桶。以前换垃圾袋的时候，每次都要专门去拎，然后在袋口打结，特别麻烦。图中的“方便垃圾袋”特别省事，只需把它放在垃圾桶里，每次更换的时候把圆筒状的垃圾袋掐下来，再套上底下新的垃圾袋即可。

"ideaco TUBELOR flat20"桌面垃圾桶。垃圾桶的开关是按压式的，平时放在客厅使用。

POINT

熨烫工作，轻而易举

自己熨烫？送洗衣店？

说起我不擅长的家务，除了讨厌的换床单之外，还有熨烫。

为了避免麻烦，我会把先生的白衬衫等难处理的衣服送到洗衣店去。但是其余的衬衫、裤子上的褶皱也得处理啊，这时蒸汽熨斗就派上用场了。使用时，完全不需要熨斗台，只需将熨斗轻轻放在褶皱处熨一下就大功告成了，非常方便。我就是靠它来完成日常的熨烫工作的。

松下的"蒸汽熨斗"利用喷出的大量蒸汽去除褶皱，还可以消除异味。

挂在衣架上的时候也能熨烫

熨烫的时候将衬衫抻一抻，利用大量的蒸汽将衣服熨平。有了它，原本难搞的熨烫工作也能轻松完成。真庆幸买了它！

由纪的

8

居家妙招

通过化妆 & 饰品，提升女人味

喜欢化妆，因为它带给我幸福感。不过，挑选化妆品可是大事儿

我以前从事的是美容相关的工作，所以很喜欢化妆。我的衣服大多质朴无华，所以在家的时候我一直追求光感十足且能带给我幸福感的妆容。

说起光泽感和幸福感，总会给人一种纯天然的印象。但是我已经三十多岁了，如果还是把“天然”等同于“素面朝天”，这是绝对不行的。为了让妆容显得自然，我会好好化底妆，让肌肤透出自然的光泽。至于睫毛，我更喜欢纤长款。

另外，在家的时候，我习惯扎着头发，然后戴上具有视觉冲击力的耳环。

RULE

配饰

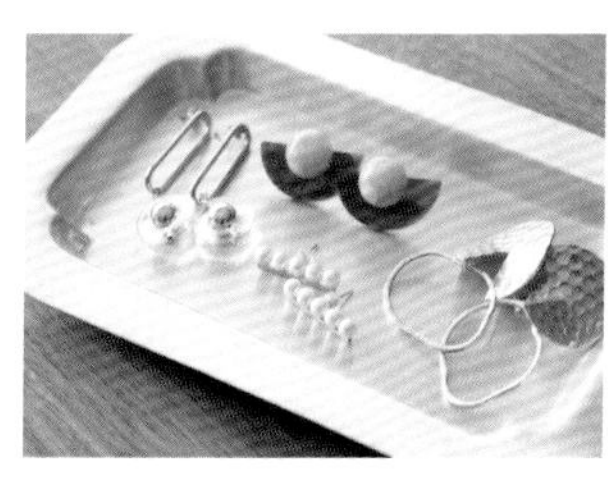

朋友做的
手工耳环&珍珠耳环

maki是一位饰品设计师，也是我的朋友。她做的耳环，材质搭配协调，能够很好地衬托我的简约发型。上图中央的珍珠耳环是塔思琦[①]的，戴上后显得人高雅有气质。

扎头发+凸显个性的耳饰

在家的时候，为了方便做饭和打扫卫生，我会扎着头发。首先，用卷发棒轻夹头发，然后用娜普菈护发精油赋予头发光泽，最后再扎起来。

①日本珠宝品牌，日语为TASAKI。

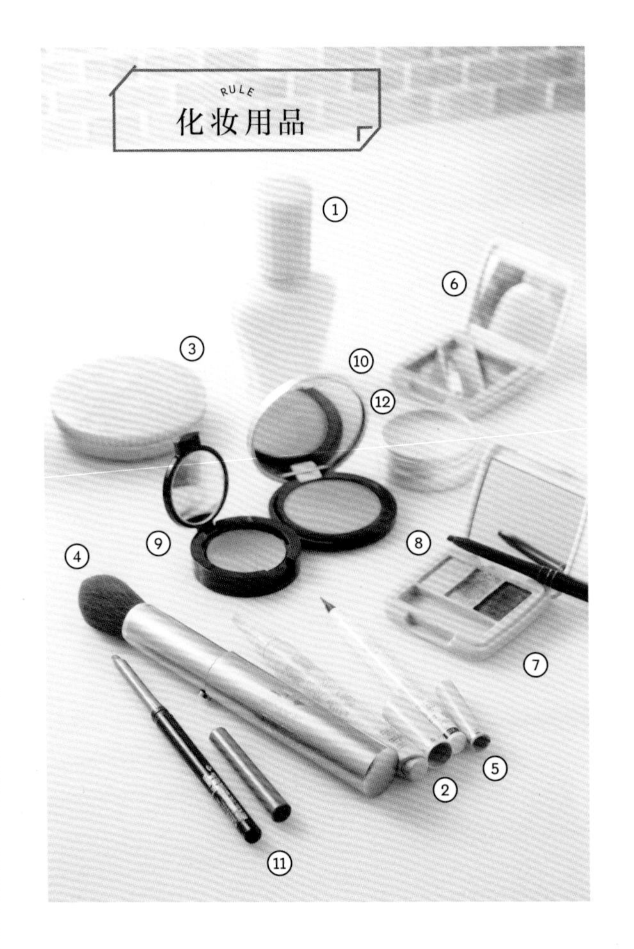

素颜妆更需要用心

因为喜欢化妆，所以我经常关注一些化妆方面的信息。我参考了知名博主田中亚希子的妆容和发型师的推荐，挑选了适合自己的化妆品。左图都是我在家化妆时会用到的产品。

用①妆前乳打底，然后用②遮瑕液遮瑕，然后用③粉饼定妆。最后用④刷子轻按，使妆容更伏贴。用⑤液体眉笔勾勒，然后再用⑥眉粉填充。用⑦眼影轻铺一层（以上产品均来自Paul & Joe）。再用⑧MAC的眼线笔画眼线。用⑨MiMC的奶油肌腮红打圈上脸，叠加⑩ETVOS的高光提亮。用⑪MAC唇线笔描出唇部轮廓，最后涂上⑫MARKS&WEB的润唇膏。大功告成！

用① SK-Ⅱ 粉底液打底，然后在脸颊上刷② Paul & Joe 双色腮红。③是 DAZZSHOP 的彩色眼线笔。画下眼线的时候，只画到眼尾 1/3 处，与上眼线在眼尾处衔接。

出门在外的时候
用颜色妆饰自己

出门见朋友或工作的时候，我的妆会稍微不一样。最近在用的 SK-Ⅱ 粉底液是根据不同肌肤年龄设计的护肤品，它能让我的皮肤一整天都保持水润，非常优秀！另外，彩色的眼线会让人显得活泼。

由纪的 9 居家妙招

精简服装，只挑最喜欢的基本款，享受幸福的居家时光

上衣一天一换，裤子两天一换

我很喜欢家居产品，有人可能会觉得我有很多衣服和鞋子。其实不然，我的衣服反而不多。一来我对自己的身高没自信，二来也不是什么衣服都适合我。

我在家穿得比较宽松，以方便做家务。我习惯上衣一天一换，裤子两天一换。和家庭装修风格一样，我的衣服颜色以茶色或白色为底色的冷色系为主。为了掩盖短处（矮），我通常穿贴身的上衣，配宽松的裤子。

周一

圣杰姆的条纹T恤质地柔韧，非常耐穿。清爽的白色让人精力充沛。

圣杰姆条纹T恤 ＋

Beauty & Youth 华夫格T恤

UNIQLO 阔腿裤

周二

舒服的华夫格T恤，搭配优衣库的阔腿牛仔裤，感受当下流行的宽松廓形。

周三

我觉得基础款的衣服刚刚好。这件“Ron Herman”的针织衫无论是在颜色上还是在版型上，都让上半身显得更加漂亮。

Wed.

Ron Herman
针织衫

+

Plage
阔腿裤

周四

稍微有点冒险的上衣属于快时尚，和“Plage”的裤子叠穿，凸显纵向线条。

Thu.

H & M
连身裙

周五

带有些微运动感的匡威运动服。裤子上的白色条纹同样强调了纵向线条，是我的“菜”。

Fri.

Converse
T恤

+

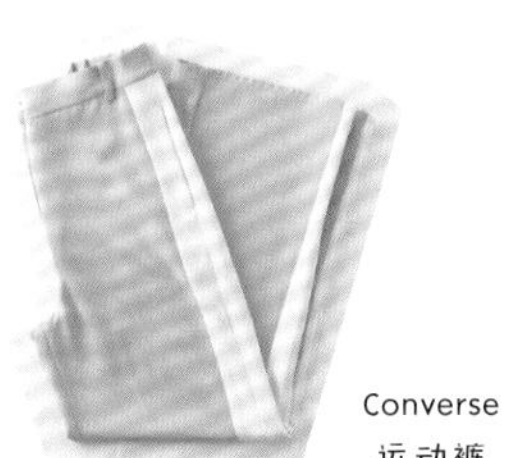

Converse
运动裤

2

我爱的场景

相差9岁的姐妹，姐姐是“小妈妈”

姐妹俩的性格截然不同。姐姐生性文静，喜欢独处；妹妹是个话痨，是大家的开心果。

虽然性格不一样，但是姐妹俩关系特别好。姐姐把妹妹照顾得很好，也是我的得力助手。看到她俩一起玩的画面，我真的觉得很幸福。以后如果再生一个，又会怎么样呢?

PART 4

深受家人喜爱的“家庭餐”

虽然我喜欢做菜，但每天做饭真是太麻烦了。可我又想“一丝不苟”地完成这件“大事”。于是，在不断尝试中，我找到了一套自己的方法。

下面我将向大家介绍我家的一日三餐！

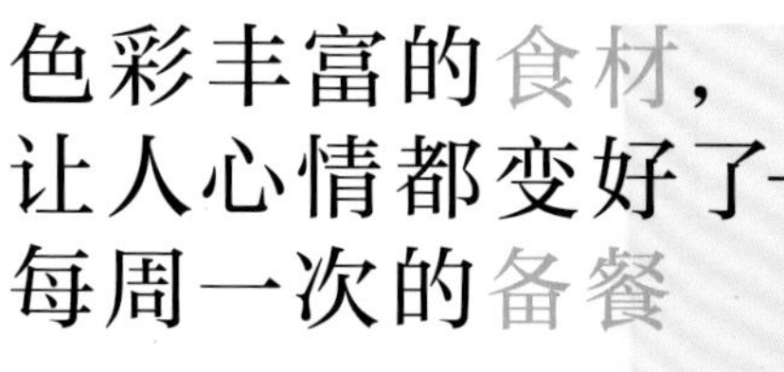

色彩丰富的食材，让人心情都变好了——每周一次的备餐

我一般会一次性准备 11~13 道小菜。提前切好葱，把小西红柿的蒂摘掉等，这些都是节省做饭时间的好方法。

处理好的食材放在 iwaki 的玻璃器皿中，很容易分辨。按照食材的大小、种类分开放置。

毫不费力——我的备餐时间

每天思考做什么菜可是件麻烦事。我会利用空闲时间提前做一些半成品，这样就可以轻松搞定料理。

我准备的半成品菜主要有：主菜的肉和鱼各一道，例汤一份，用当季蔬菜做成的6样小菜以及自制酱料和西式泡菜，再加上冻在冰箱里的提前腌好的肉，吃的时候直接加热就行。（见图P141）

我会准备一些不怎么需要花时间的小菜，如用一种蔬菜腌一道小菜。重要的是，通过这种方法，我可以很快完成备餐。食材选用方面，我也会选择不用切就能用的芝麻、鱼干等。

A
B
C
D
E
F
G
H
I
J
K
L
M
N
O

备餐食谱面面观

备餐食谱

下面为大家介绍我的一周备餐食谱。
这些菜都是我经常会做的，仅供大家参考！

Ⓐ 盐渍鲑鱼

简便易操作

鲑鱼 4 段，盐曲 3 大勺。

1. 将鲑鱼放入容器中，加入盐曲。
2. 腌渍半天到一天的时间，用铁架烤熟即可食用。

Ⓑ 土豆炖肉

简便易操作

猪肉 200g，洋葱 1 个，胡萝卜 1 小根，土豆 4 个，高汤 1 小杯半，酒 2 大勺，盐 1 小勺，荷兰豆、色拉油各适量。

1. 将洋葱切丝，胡萝卜、土豆分别切块。
2. 猪肉加少许盐，用色拉油炒制出锅。
3. 在锅中加入洋葱丝、胡萝卜块、土豆块，持续翻炒。
4. 加高汤、酒、盐，煮至七八分熟，加肉炖煮。最后加入焯过水的荷兰豆点缀。

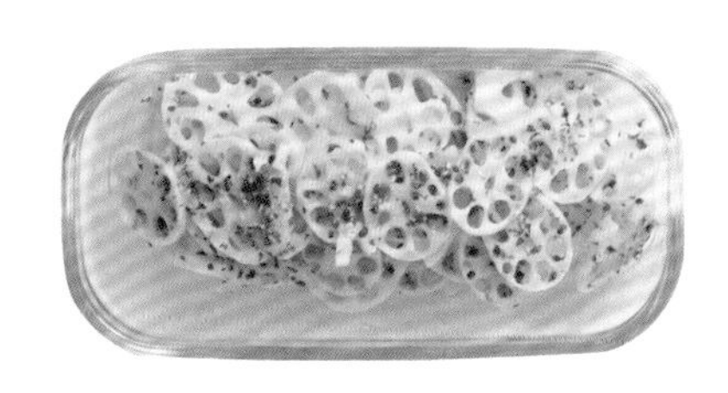

Ⓒ 五彩蔬菜汤 （简便易操作）

洋葱半个，胡萝卜半根，青椒2个，白菜1/8个，西红柿1个，西芹半根，高汤800ml，鸡精1大勺，盐、胡椒、橄榄油各适量。

1. 蔬菜洗净，全部切成 2cm 长的小丁。
2. 橄榄油入锅烧热，小火煸炒洋葱。
3. 炒至洋葱变透明，加入剩余的蔬菜和高汤，加鸡精炖煮。
4. 加盐、胡椒调味。

Ⓓ 腌莲菜 （简便易操作）

莲菜 150g，橄榄油 1 大勺，醋 2 大勺，芥末粒 2 小勺，盐、胡椒各适量。

1. 水中加醋和盐（分量外），莲菜切薄片，焯一下水后迅速捞出。
2. 用纸吸干水分，将橄榄油、醋、芥末粒、盐和胡椒混合，浸泡腌渍。

Ⓔ 酱汁烧茄子 （简便易操作）

茄子 2 根，胡麻油 1 大勺，卤汁 150ml，姜末少许，葱花适量。

1. 茄子洗净切成块。
2. 锅中倒胡麻油烧热，茄子用大火煎熟。
3. 酱汁中加姜末拌匀，趁热将茄子浸入酱汁中，撒上葱花后装盘。

Ⓕ 胡萝卜金枪鱼沙拉 （简便易操作）

胡萝卜 1 根，金枪鱼 1 罐，盐 1 小勺，白葡萄醋 2 大勺，橄榄油 1 大勺。

1. 胡萝卜去皮洗净，切成 4cm 长条。
2. 往胡萝卜里撒盐，去除水分。
3. 静置约 15 分钟，将胡萝卜里的水分挤出。
4. 加入金枪鱼、白葡萄醋、橄榄油后拌匀。也可根据个人喜好加香菜或胡椒。

Ⓖ 凉拌菠菜 （简便易操作）

菠菜1把，高汤100ml，酱油、味啉[1]各1大勺，鲣鱼干适量。

1. 菠菜洗净焯水，控干水分，切成5cm长段。
2. 高汤，酱油、味啉混合成酱汁。
3. 菠菜浸入酱汁中入味，撒上鲣鱼干。

Ⓘ 酱油炒青椒 （简便易操作）

青椒6个，胡麻油、白砂糖、味啉各1大勺，熟芝麻适量。

1. 炒锅放胡麻油烧热，将青椒洗净切细丝入锅。
2. 放白砂糖、味啉、酱油爆炒，炒至青椒全熟，撒芝麻出锅。

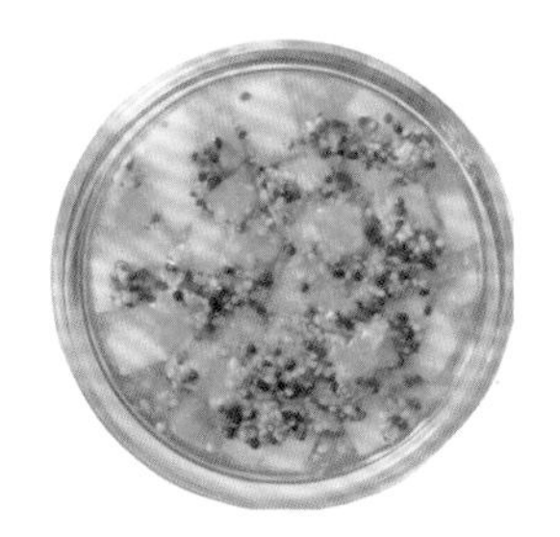

Ⓝ 萝卜杂烩泡菜 （简便易操作）

胡萝卜半根，白萝卜约1/4根，醋50ml，蜂蜜1/2大勺，芥末粒1小勺，橄榄油、盐各少许。

1. 醋、橄榄油、盐、蜂蜜、芥末混合在一起拌匀。
2. 胡萝卜和白萝卜去皮洗净，均切成长约4cm、宽约1cm的小块，放入容器中，浇入做法1的酱汁。

Ⓞ 盐渍小西红柿 （简便易操作）

小西红柿8个，芹菜1/4根，醋50ml，罗汉果液，盐1小勺。

1. 小西红柿洗净，用开水迅速焯一下捞出。
2. 将醋、罗汉果液、盐混合，放入小西红柿和芹菜进行腌渍。还可根据个人喜好添加月桂叶。

---

①一种日本调料。

POINT

提前冷冻食品，后半周做饭不再愁

后半周吃提前调好味的主菜

之前（P137页）我曾提到过的两种主菜，一般在前半周食用。而后半周吃的则是类似于上图里的一些菜。我会提前把食材调好味，然后放到冰箱里冷冻。

要吃的时候，只需早上将它们从冰箱里拿出来解冻，然后炒一炒、炸一炸即可。由于已经调好了味，也不需要再放调料了，非常节省时间。

RECIPE

后半周的菜谱

2~3 人餐

Ⓟ 准备 300g 鸡肉，切块，加入 2 大勺盐曲，依据个人喜好加入姜和大蒜末，拌匀，装入保鲜袋。

Ⓠ 准备 300g 鸡肉，切块，加入 2 大勺味噌，白砂糖、酱油、酒各 1 大勺，拌匀，装入保鲜袋。解冻后可以直接烧烤，肉质松软。

Ⓡ 装在保鲜袋里的切片五花肉。主要用于制作早上的味噌汤。有时候会分成小份后冷冻起来，要吃的时候直接加到便当里。

Ⓢ 准备 300g 牛肉，在其中加入适量的自制烤肉酱，选 2~3 种蔬菜切丝作配菜，与牛肉拌在一起，一同装入保鲜袋，放入冰箱冷冻。解冻后可以直接烧烤。

POINT

高汤 + 米糠酱菜 =
“我家风格”的妈妈味道

简单易上手的米糠酱菜和高汤

米糠酱菜是我先生最喜欢吃的一道菜，所以它每天都会出现在我家的晚饭中。

高汤用途广泛，如可以用于制作味噌汁、拌青菜等。不过我不用高汤粉或料包，而是用海带和鲣鱼干来熬制高汤。大家会不会觉得做起来很花时间？接下来我介绍一下自己的简单做法吧。

ROUTINE

米糠酱菜

我喜欢用的是"腌菜屋的糠床"。我经常腌一些应季的蔬菜，如黄瓜、胡萝卜等。这样每次吃到的都是味道鲜美的米糠酱菜。酱菜装到野田珐琅的碗里，放到冰箱里也不用担心有异味。

高汤

在内置滤网的高汤罐里放入海带和鲣鱼干，加水浸泡半天，然后就可以泡出浓郁无杂质的高汤了。整个过程都没有用火，是不是觉得很意外、很简单？由于一次可以调制 800ml，所以除了用于制作味噌汁，高汤还有很多其他用途。

高汤怎么用？

拌青菜

在高汤里加入酱油、甜料酒和鲣鱼干，然后将焯好的蔬菜放进去。

土豆炖肉

在土豆炖肉里面加入高汤后，会非常美味。

清汤

在高汤里加入喜欢的食材，然后依据个人口味，加入生抽、酒、料酒和盐。

乌冬面

能够充分体现高汤美味的一定是乌冬面，加高汤后，只需在乌冬面里加入酱油和料酒。

味噌汤

我准备了两种“每日味噌汤”，这样就可以享受不同口味带来的快乐了。

五彩蔬菜汤

该汤是在高汤里加入鸡骨头汤和大量蔬菜后熬制而成的。

周一

周一：搭配焖菜的沙拉

在制作备用菜的周一，吃的是沙拉搭配微波炉蒸的猪肉炖白菜，我把它们装在iwaki的蒸锅里面。我的粉色碗和蓝色的长盘来自白山陶器。

周二

Ⓑ＋Ⓖ＋Ⓚ

周二：半成品肉菜

这天，我准备的主菜是略显清淡的土豆炖肉，家人都很喜欢吃。美浓烧的花形碗用途广泛，除了用来盛放日本料理和西餐，还可以盛放甜食，我每天都会用到。这是一顿搭配腌菜和青菜的日式饭菜。

工作日晚餐

POINT

充分利用半成品——我的省心菜单

按日定制每天的菜谱

周一那天，如果我要备餐，晚上就吃意面或用蒸锅做的一些简单菜肴。周二则提前做好里面的肉菜，周三是鱼，周四和周五是用冻肉做的一些菜。至于配菜，则根据主菜的颜色进行搭配。如此一来，不仅方便，还实现了膳食均衡。至于周末，我们一家人通常吃铁板烧或出去吃。

周三

Ⓐ + Ⓓ + Ⓔ

周三：半成品鱼

这天晚上，主菜是盐曲放得恰到好处的盐渍鲑鱼。家人都很乐意吃发酵食品。盛放配菜的是"有田烧 KOMON 系列"小碟，方便好用，经常出现在我家餐桌上。

周四

Ⓟ + Ⓞ + Ⓜ

周四：冷冻腌鸡肉

后半周的主菜是之前冷冻好的菜。这天的主菜是炸鸡块，佐以咸葱柠檬酱。盘子出自陶艺家内村七生，可以用来盛放各种日料及西餐。

周五

Ⓢ + Ⓚ + Ⓛ + Ⓜ

周五：冷冻腌牛肉

在吃半成品的最后一天，我准备的是吃了让人充满活力的烤牛肉。旁边是冷豆腐，搭配咸葱柠檬酱。先生的碗和我的一样，都来自白山陶器。

一人食午餐

Ⓕ

我一个人吃午饭的时候，经常会配上一些袋装的熟食。想要配菜的话，加点蔬菜就行。

便当

Ⓠ + Ⓓ + Ⓕ

如果家里有半成品食材，便当做起来也很快。只需要将冷冻的肉烤好，然后和做好的配菜一起盖在饭上面，简单的盖浇饭就做好啦！

POINT

自制酱料——提升菜品档次

菜品虽然都很简单，但加了自制酱料就会大不同

制作半成品的时候，我会顺带做2~3种具有我家独特风格的自制酱料。简单烹饪后的鱼、肉或蔬菜蘸上酱，味道马上就有了质的飞跃。这样大家还看不出来我偷了懒（笑），实际操作非常方便。

接下来我将给大家介绍被我的家人视为珍宝的5种酱料，它们可以直接蘸着吃。不过像咸葱柠檬酱之类的酱，在里面加上牛油果和蛋黄酱，做成沙拉也是别具一番风味的。另外，在烧烤时，可以配上两三种不同的酱料，食物瞬间别具风味。

Ⓜ 咸葱柠檬酱 （简便易操作）

首先，取一根长长的小葱，切成小段后放入碗中。然后取半个柠檬，榨汁后将柠檬汁倒入碗中。最后在碗里加入橄榄油、芝麻油各一大勺，盐小半勺，鸡骨头汤料一小勺，搅拌均匀。

吃饭团的时候，可以根据个人口味蘸着咸葱柠檬酱吃。酱汁味道爽口浓郁，抚慰你的味蕾。

你也可以将烤好的猪肉铺在饭上，然后在肉上淋一层柠檬酱，最后用紫甘蓝和青椒做点缀，颜色看上去会更丰富。

Ⓛ 烤肉酱

简便易操作

酱油 100ml，白糖 3 大勺，白芝麻 1 大勺，芝麻油、豆瓣酱各 1 小勺，少量葱末和姜末，搅拌均匀即可。

烧烤的时候自不必说，像上图一样，直接把烧烤酱加到芝士烤肉里面也不失为一种良好的选择。

Ⓣ 盐曲葱油酱

简便易操作

葱末 5 大勺、芝麻油 1 大勺、白芝麻 2 大勺、盐曲 2 大勺、醋 1 大勺，搅拌均匀即可。

这种酱料不仅适合吃肉的时候蘸取，用来拌炸豆腐吃也非常不错。

Ⓤ 番茄酱

简便易操作

取 8 个小番茄，各自切成 4 等份。金枪鱼罐头 1 罐、拌面酱汁 2 大勺、芝麻油 1 大勺、少量盐和胡椒。将以上材料搅拌均匀即可。

用作面条的浇头时，可以在番茄酱里再加一点拌面酱。此外，吃意面、沙拉的时候，也可以蘸这种番茄酱吃。

Ⓥ 味噌酱

简便易操作

准备味噌 3 大勺，甜料酒、白糖各 1 大勺，蒜末少许。将上述材料放入耐热器皿中，用微波炉加热 20 秒。取出并拌匀后，再加热 10 秒即可。

可用作蔬菜蘸料、炒蔬菜时的调料等，还可以作为吃饺子时的蘸料。

调味料，让饭菜美味升级

Ⓐ 入口醇香的千岛醋。

Ⓑ 专用国产芝麻油。不仅有益健康，还具有美容功效。我每天吃沙拉的时候会淋上一大勺。

Ⓒ 做意面、炒菜的时候，经常使用的特级初榨橄榄油。

Ⓓ 味道甘甜的三州三河甜料酒。

Ⓔ 御用藏国产有机 JAS 生酱油，不含化学添加剂，用作生鱼片的蘸料和做菜等。

Ⓕ 香味适宜、味道醇厚的芝麻油——九鬼纯正芝麻油。

Ⓖ 使用大量洋葱制作而成的沙拉酱，让沙拉更美味。

Ⓗ OHSAWA[①]的蔬菜汤，都是蔬菜鲜美的味道。

Ⓘ 在平釜[②]中制成的盐。海之精粗盐。

---

①日本酱油品牌，日语为オーサワ。

②一种日本茶具。

PART 4

调料太重了？那就网购吧

我很喜欢做饭，所以我对调料也很有研究，以上都是我对价格和味道进行综合比较后，反复购买的一些调料，在此我也推荐给大家。另外，有时候在Ins上，“粉丝”也会给我推荐一些调料。

我觉得这些调料都太重了，所以一般会选择网购。使用的调料不同，菜品的味道也会千差万别。这也正是我想去认真研究一番的“做饭之道”。

我家常备的两种用途不同的味噌

这是我家做菜时不可或缺的味噌。根据菜品的不同，我会在黑米味噌和豆味噌中进行选择。右图左侧是家人最喜欢吃的味噌，和上文介绍的酱油属于同一品牌，是御用藏国产有JAS黑米味噌。右侧味噌不仅是一种蘸料，还可以用于做菜，叫OHSAWA海之精食养豆味噌。

调料

我会将买来的袋装味噌装入野田珐琅的酱料碗里，这样便于做饭的时候使用。

小女儿要撒的
调料都在这里

小瓶调料全部放入无印良品的藤筐里

为了便于取放，我把吃饭时要用的一些调料全部放在筐里。撒料罐、酱油罐、胡椒盐罐都是iwaki的产品。前面带橡胶塞的瓶子来自“ttyokzk ceramic design①”，用于放辣椒粉。

烧烤的时候，只需把藤筐拿到阳台的桌子上就行。

①日本食器品牌。

POINT

怀着一颗感恩的心为家人做饭

传达一种“您辛苦了”的关心

每天制定丰盛的菜谱，制作精致的饭菜，虽然做起来非常不易，但我还是想让每一顿饭都显得有些“特别”，为此我也花了很多心思。

例如毛巾。本来吃饭前用湿巾擦擦手就行了，但是我想传达一种“您今天辛苦了”的关怀，于是我在桌上放了一块擦手毛巾。通过使用一些更显贴心的日常用品，我自己也能收获很多乐趣。

每天晚上都会摆出来的KEYUCA的毛巾盘。精美的木纹让我爱不释手。

用餐时搭配的小点心装在套盒里

这是"Time & Style①"的陶瓷套盒，非常适用于装饰。我一眼就喜欢上了它典雅的花纹。即便是市面上随处可见的梅干，装到这个小盒子里后，看起来也非常漂亮。

白山陶器的茶碗——放了饭菜也好看

先生总是丢三落四，所以在送他礼物这个问题上，我经常各种纠结。后来我想到了一个在家里就能使用的东西，那就是我一直梦寐以求的白山陶器的茶碗。我买了两个不同颜色的，其中一个给他，结果他收到后赞不绝口。

结婚纪念日的礼物

不愧是大牌产品，拿着也方便，夹菜也方便。我买的是夫妻对碗套装，可我还想收集其他款式（笑）。

偶尔做的“先生便当”也别具一格

我给先生做的便当是所谓的“盖浇饭”。将它装在秋田的圆饭盒里，看起来好像比一般的便当更好吃。将冷乌冬面装入具备恒温功能的容器里，就可以吃到凉津津的面条了。

①日本家具店。

由纪的 10 居家妙招

居家时光让我快乐，也让我改变

充分利用主妇视角审视生活，继续接受新的挑战吧

借着家居装饰这个话题，我开始在Ins和博客上分享我的经验。很多人对我的一些想法表示认同，这让我备受鼓励。有时候，我会被邀请去参加一些活动，得以和一些生活区的博主见面；有时候，我甚至还有机会和一些品牌商合作，推出联名商品。我的生活因此变得丰富多彩。不过我还是想从一个主妇的角度出发，尽我所能，不断接受挑战。现在，我想让自己变得更自信，所以一直在为了取得各种证书而努力学习。

RULE

我的朋友们

在博客、Ins上分享生活的朋友们

一位是我曾在前文（P129）提到过的maki，她是一位制作原创手工耳饰的博主，是一个很有品位的人。另一位是每天在家健身，记录减肥经验的mao。虽然她们各自的创作方向不同，但是我非常喜欢她们共同具备的勇于挑战自我的精神。

RULE

直播

直播的时候，我可以实时收到观众发来的消息，这种感觉很赞。

在生活经验分享平台Mukuri上直播

Mukuri是一个通过具体实例，分享“家务”“家庭装饰”“收纳”等关于生活经验的平台。我是该直播平台的一个主播。能与全日本的家装爱好者进行交流，我觉得非常开心。

这是我在家里做的直播。我邀请了好朋友yukiko当客串嘉宾。

RULE

联名产品

和“乐天”推出的第一件联名款

我更加喜欢与物品打交道了！有幸和乐天一起制作了联名产品。厂家将我的生活理念灵活地运用到产品中，例如选择和家庭装饰巧妙融合的颜色，使用易于清洁的材料……产品面世后好评如潮。

前往缝制工厂，检验产品制作过程。

主妇视线的产物——“与人更亲近，生活更美好”坐垫。

后记：写在后面的话

首先，我十分感谢购买此书的各位读者。

本书中提到的提升幸福感的生活技巧仅仅是我个人实践的一些方法。

由于生活环境的不同，每个人感受到幸福和快乐的方式也可能不一样。

但即使处于不同的环境中，我相信只要肯下功夫，每天的生活都会发生新变化，只不断要努力，总会过上幸福的居家生活。

人生匆匆，我觉得愿意努力追寻自己觉得快乐的事情并乐在其中的人，才是真正的人生赢家。

自从在 Ins 和博客上不断更新我的居家小技巧之后，我收到了很多网友的留言。

在此，我给大家摘录一些：

“我之前也一样，辞职后，一下子多出来很多时间，根本不知道该干吗？”

“看了由纪的 Ins 后，居家时光也开心了起来！”

……

能够得到大家的认可，我真的很高兴。我会将大家的鼓励化为动力，继续努力前行的。

“想过上永远幸福的生活！”

“想做永远充满活力的自己！”

通过不断提高自身能力，学习新鲜事物，我眼中的世界也变大了。如果各位读者因为阅读本书而获得幸福和快乐，哪怕只有一点点，都将是我莫大的荣幸。

最后，我希望大家除了家庭和工作以外，也要多多关心自己。同时，我也祝愿大家在生活中能够时常保持开心、感受幸福，享受充实的居家时光。

由纪

由纪

我目前在Ins上有14万粉丝，同时在ameba的个人微博里也有5万多名读者。

根据我们夫妇二人的想法来设计的房屋，以及我们每天的日常生活，都受到了读者的广泛关注。我今年38岁，仍然在为了抚养两个女儿而努力奋斗中。

在辞去长期从事的美容行业的工作后，我也曾因为丢掉了昔日的成就感而迷茫。后来我通过一些小窍门，例如“让居家时光变幸福的空间设计”“爱上家务的诀窍”“实用又时尚的好物挑选法”等，让居家的每一天都变得充实起来，也因此感受到了巨大的幸福。

我现在通过经营自己的Ins和博客，吸引了更多的关注。同时，我也逐渐成为各种商品开发的顾问，不断在新的领域贡献自己的力量。

Ins 账号：@yuki_00ns
blog：「おうちと暮らしのレシピ ~HOME&LIFE~」
https：//ameblo.jp/yukihomelife/

感谢以下人员

摄影：佐藤朗 朝本真季

美术设计：松浦周作

设计：石泽绿
若槻亚梦路 田口光 黑部友理子
【mushroom design】

插图：吹野熏（P16、17、41）

Kosodateful(P159）

图书在版编目（CIP）数据

让家越住越舒服 / (日) 由纪著 ; 张鑫译 . -- 南京 : 江苏凤凰科学技术出版社 , 2020.8
ISBN 978-7-5713-1110-0

Ⅰ . ①让… Ⅱ . ①由… ②张… Ⅲ . ①家庭生活－基本知识 Ⅳ . ① TS976.3

中国版本图书馆 CIP 数据核字 (2020) 第 072086 号

让家越住越舒服

著　　者	［日］由　纪
译　　者	张　鑫
责任编辑	陈　艺
责任校对	杜秋宁
责任监制	方　晨
出版发行	江苏凤凰科学技术出版社
出版社地址	南京市湖南路 1 号 A 楼，邮编：210009
出版社网址	http://www.pspress.cn
印　　刷	天津丰富彩艺印刷有限公司
开　　本	880mm × 1230mm　1/32
印　　张	5
字　　数	90 000
版　　次	2020 年 8 月第 1 版
印　　次	2020 年 8 月第 1 次印刷
标准书号	ISBN 978-7-5713-1110-0
定　　价	35.00 元

图书如有印装质量问题，可随时向我社出版科调换。